oookickooo
BEST STYLE BOOK

菊池溫子 きくちあつこ

野人

前言

從我還十幾歲時，就對時尚相關事物有種莫名狂熱，

物欲也如無底洞般無窮無盡。

明明人只有一個身體能穿上衣服，一整天也只能穿一雙鞋，

但每年每季想要的外套、上衣、裙、褲和鞋子，

清單總是永遠列不完……

雖然有時對於自己這樣強烈的物欲也感到訝異與些許罪惡感，

但能讓天性喜新厭舊又對自己不喜歡的事物無法傾注全力鑽研的我，

唯一讓我數十年都還熱情不減的，

就只有時尚的世界了。

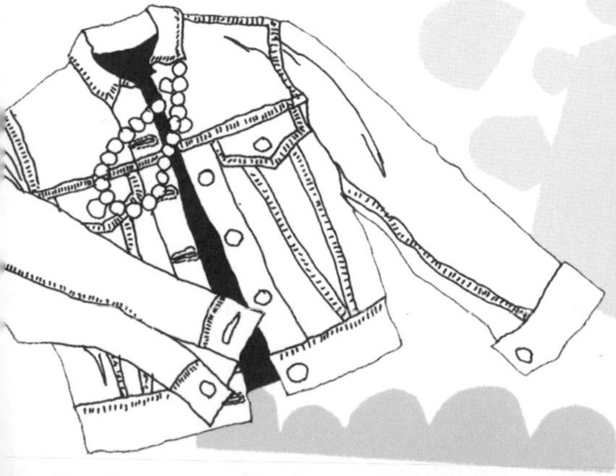

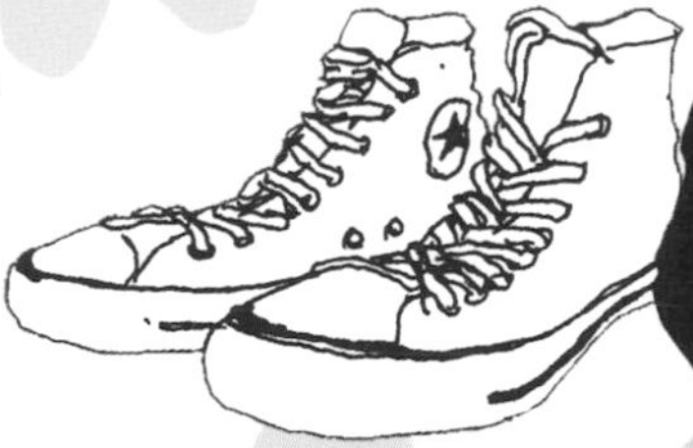

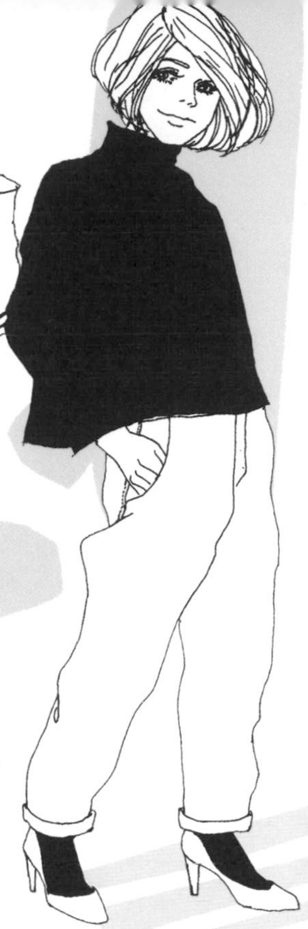

無論是每一季展現嶄新設計的精品名牌；

超越時代至今仍不失新意的二手服飾；

或是那些引薦美好衣物的服飾店和店員們，

都是那麼的耀眼吸睛、讓我雀躍不已的美感養分。

這本書中，我盡情地描繪心中真正「夢寐以求的單品」。

因為時尚文化的存在，裝點了我們每個人的日常生活，

使其變得多姿多彩。

沒有什麼比藉由此書與大家盡可能分享時尚世界

如此迷人魅力更開心之事了。

Contents

Chapter 1 **Spring**

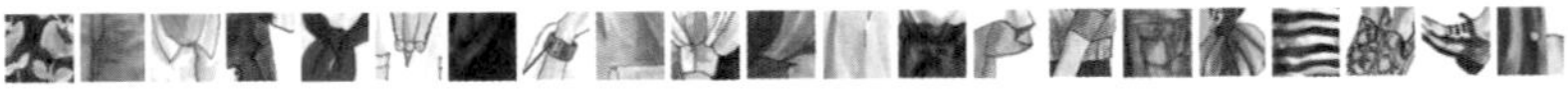

Chapter 2 **Summer**

BEST STYLE BOOK

Chapter 3

Autumn

Chapter 4

Winter

Chapter 1

Spri

p r i n g

Chapter 1

春天，從厚重的大衣解放，
無論是時尚裝扮或是心情都變得輕盈。
雖說一月份是一年的開始，
但是認同四月份更有煥然一新氣息的人
應該也很多吧。
在春天展開新的計劃或目標此般盼望，其實
在時尚界也嗅得到些許氣味。
心中懷抱些許忐忑和滿腔的期待，
令人迫不及待飛奔到街上，
收集新的時尚穿搭靈感呢！

n g

01

BOTANICAL TEXTILE

花卉印花

大器的花卉圖樣印花服飾
建議搭配其他設計簡單的單品，
盡量減低全身色彩用量。

花色上運用的色彩雖然少，
但因為圖樣大而鮮明
立刻就能吸引目光，
予人深刻印象。
這樣的花卉印花穿搭
超有型！

從以前
就和印花類服飾
無緣的我
格外凸顯五官平淡
的臉，小碎花尤其NG…
宛如村姑啊…
但是大朵圖案
的印花感覺
就對了。
突破
罩門!!!
花卉印花
中了!

若能習慣和駕馭大朵圖案的花卉印花之後，想試著挑戰及踝的長洋裝款式！

重點在於底色是沉穩的黑色，也能讓印花部分的比例顯得雅致。

連身長洋裝「I」型的直筒剪裁，不會有過度可愛的疑慮。

想將大朵圖案的花卉印花服飾穿出時尚感，就利用黑白單色×紅色強烈的對比完成整體穿搭。

02

PINK COORDINATES

粉色系穿搭

如櫻花般柔和的粉紅色，
展現在時尚單品上也很出色。
但小心不要變成漫畫裡的我那樣宛如小豬般的粉紅色，
要選擇曖昧淡雅的粉紅色。

即使是中性風格的造型，
加入粉紅色單品
便會有些許成熟的
華麗感！
想尋覓一件粉紅色的
休閒西裝褲啊～

和軍裝風外套
也很搭！
藉由鞋子和包包點
綴些許酷帥的黑色，
就完成了標準混搭
甜美與個性風的
整體造型。

（註：櫻餅是外頭包櫻葉，外觀呈粉紅色、口感類似麻糬的一種和菓子）

黑白單色系
的造型中
綴以柔和
的粉紅色，
瞬間就給人
溫柔婉約
的印象呢。

姍姍輕舞
姍姍輕舞

說到粉紅色最貼切的比喻就是櫻花
的顏色了。好喜歡這種淡淡的、
曖昧又柔和的粉紅色。

每次只要我穿粉紅色
上衣，老公就會說

吵死了
豬蹄
豬蹄
喔，妳好
像《我不笨，
所以我有話說》
那隻喔！

竟把我比
喻成豬（怒）

※
《我不笨，所以我有話說》是
1995年美國與澳洲合作拍攝的
電影，講述的是一頭夢想成為
牧羊犬的小豬故事。

SHIRT STYLE

襯衫造型

手邊一定要有一件的必備單品就是襯衫。想挑選帶點挺度、經典的棉質或條紋襯衫，還有剪裁適合紮入下半身的款式。

POINT

如果下半身展露大面積腿部時，將襯衫全扣到底顯得很有型！

白襯衫泛黃或有污漬是大忌。分享一個小訣竅，從值得信賴的平價優質品牌中入手白襯衫，每一季都汰換也不心疼，又可以永遠搭配出時尚造型。

春天尤其推薦襯衫造型。純白的襯衫搭配黑色或米色的時髦穿搭令人嚮往。

才2980日圓
買到賺到

百分百純棉或純麻，丟洗衣機蹂躪都沒問題。

POINT

搭配的配件和鞋款
都走中性風時，將
胸前釦子開幾顆增
添些許女人味。

飄逸的
裙裝造型中，
將襯衫
紮入裙裡，
柔和感中
又有層次
感，簡約
又有型。
襯衫紮進去看
起來比較精明
幹練呢。

04

RUFFLE SLEEVE

荷葉袖上衣

荷葉袖上衣的迷人之處就是浪漫飄逸的袖口。
荷葉邊是在布面上做出些微褶邊的設計，
比起偏可愛感的波浪型褶邊有更大的擺動幅度，
顯得較為成熟高雅。

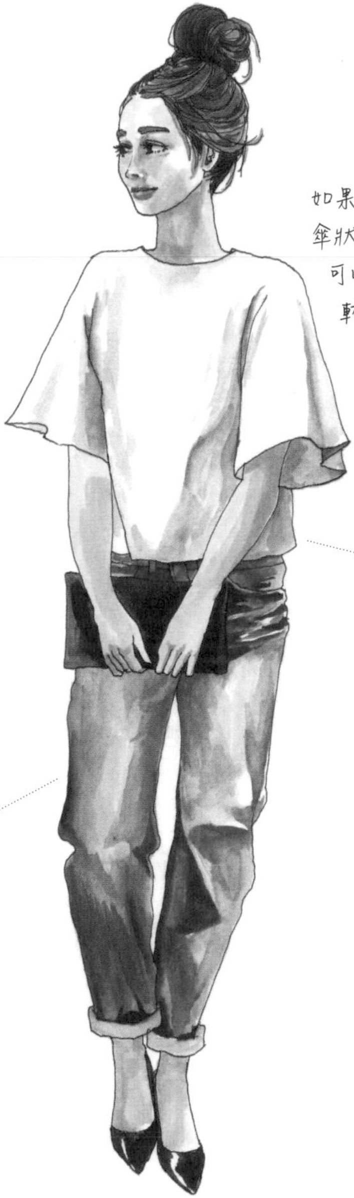

如果是向下開展的
傘狀荷葉袖設計，
可以讓手臂看起來
較纖細，
又不會讓肩膀
顯得寬大。

POINT

短版款式整體
感較簡潔俐落
更時髦。

POINT

由於上衣剪裁已經
很華麗，下半身就
搭配牛仔褲之類簡
單的款式。

可愛是
可愛…
但是對於肩膀寬、
手臂粗的我
穿起來會像這樣…
江戶時代的武士
臣在
非常陽光
的墨西哥人
AMIGO!
…馬上在腦海中想像起來…
興致勃勃地
穿上後意外
合適。
喔!
因為是傘狀的
袖口設計，
反而能修飾
我尤其感到自卑的肩膀和手臂！
從這邊
就開始有褶邊
的話，對我
就危險了！
肩線落的位置很重要，
要特別注意。

05

COLORFUL CARDIGAN

亮彩色系針織外套

材質輕薄的針織外套隨性披掛在肩上，既不會顯得臃腫又豐富全身色彩，成為穿搭整體的視覺重點。

POINT

若要在簡單的造型中增添點綴色，就在肩上披件亮彩色系的針織外套吧！

搭配無衣襟鈕釦的罩衫比較不會有過度拘謹保守的感覺，顯得稍微輕鬆休閒的造型。

色彩搶眼的款式，只是披在肩上，抑制視覺上的突兀感卻仍保有些許亮麗的感覺相當時髦。

雖然搭配襯衫那樣正經八百的感覺也不錯

若全身穿著俐落
連身褲裝或套裝等，
整體為大面積的
單一色系造型，
搭配件粉彩色或
亮色系針織外套
更出色。

還年輕時候的我…
老派時尚男演員！
哎呦，老派時尚喔！
那時常被人這麼虧。
咚
這就算了，因為我的肩膀比較寬，針織外套披在肩上讓我看起來很像是職業摔角手的裝扮…（淚）
完全更凸顯寬肩的一種東西啊…（淚）
但是！最近出的針織衫越來越輕薄，
針織衫竟然如此輕薄!!!
於是就入手了好多件。
肩膀寬的我也忍不住試著將針織外套披掛肩上的穿法，冷氣房裡禦寒也很便利實用！

06

DENIM JACKET

牛仔外套

也是經典必備的一件單品，
近年出了很多材質更輕薄柔軟的款式。
無論是做多層次穿搭或是隨意披掛著，
牛仔外套的設計和搭法也隨著時間進化。

近年牛仔外套
可說蔚為流行，
出了各式各樣的款式呢！
和稍過膝的中長裙
尤其絕配！
如此簡單便完成了
帶成熟感的
休閒風造型。

還真想要一
件能當作厚
外套穿、一
件抵百件的
款式呢…

想挑戰看看這樣
多層次的穿搭！
過往的牛仔外套材質
都比較粗硬，做為
內搭的話肩膀處會
有點卡卡的，但現在
許多材質較柔軟的款式
就可以享受這樣
多層次的穿搭造型了！

風衣或是楓葉色
的大衣這類富春日
氣息的大衣款式與
牛仔外套非常搭，
推薦在春天展現這樣
多層次的穿搭風格。

上下身都是牛仔服飾
的穿搭雖然乍看有點難
度，但若能果斷嘗試
的話相當有型！
關鍵在於上下身最好都是
同個品牌較有整體感，
如果是 LEVI'S × EDWIN
之類混搭品牌的話
效果就會打折。

07

JUMP SUIT

連身褲

連身褲顧名思義，上身連接著下身，
完全不用煩惱搭配的問題。
展現出纖細腰身的同時，又略帶點寬鬆的剪裁時髦極了。
連身褲穿搭的鐵則是要注重全身的比例。

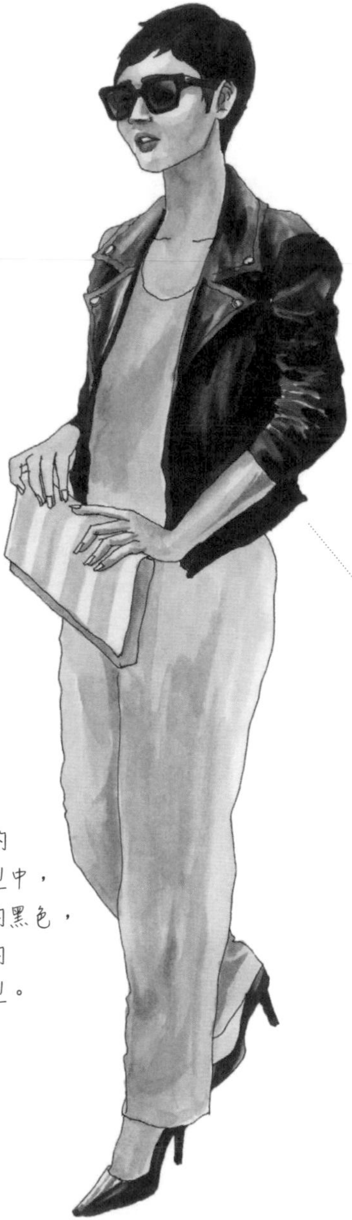

我很喜歡藉由
搭配不同單品，
將剛強風格的騎士風皮
衣外套穿出春天的感覺！
別忘了搭雙高跟鞋增添
華麗貴氣的感覺。

POINT

搭配如騎士風皮衣
之類短版的外套讓
全身比例更好。

散發溫柔氣質的
粉紅色連身褲造型中，
果斷地加入酷帥的黑色，
混搭玩樂出標準的
甜美與個性風造型。

有腰線設計的連身褲，
再加上帶點慵懶感的
垂墜材質，又有長腿效果，
似乎是能頻繁登場的
穿搭單品。

POINT

搭配不同的包款
與鞋款都會呈現
出不同的風情。

90年代
青春時期的我
哈…
我其實是
想模仿
70年代的
法國女性
裝扮的，
但怎麼像
是昭和時代
常聚集於
原宿步行天國的竹筍族…
溫子啊，
妳那是什麼裝扮？
竹筍族嗎？
好懷舊啊！
竟被我媽
稱作竹筍族。

（註：竹筍族為台灣人較陌生的日本族群形容詞，形容1970-1980年代時常聚集於原宿步行者天國區域、熱愛街頭表演的年輕族群。當時在原宿有一家名為「竹之子服飾店」的流行服飾專賣店，專賣一些使用紅色、粉紅及紫色的原色化纖材料，採用類似和服及唐裝設計，並帶有暴走族特攻服風格的寬大輪廓，腳踝處常見抓摺設計便於表演和大動作活動。）

08

BORDER TOPS

橫條紋上衣

挑選橫條紋上衣時，
線條粗細與顏色相當重要。
正因為是衣櫃必備的基本單品，
要好好了解最適合自己的款式。

我個人
偏愛黑白相間的橫條紋上衣，粗細寬度相同的尤佳。

← 不喜歡像這樣的，不適合我。

← 我偏愛像這樣等粗間隔的。

我最喜歡像這樣黑白相間條紋粗細均為1cm寬的款式。想搭配黑色的窄管褲營造素雅內斂的俐落造型。

若說到條紋粗細的話，我喜歡寬度約1cm～1.5cm的款式。然後，衣領邊要白色的…也太龜毛了！

正因是必備的基本單品，
要挑選剛剛好合自己身型的剪裁。
我一直覺得如此
才能展現卓越的品味和穿得有型。

橫條紋上衣
總是令我聯想到60年代。
當時許多時尚繆思女神
穿著橫條紋上衣的照片依舊
深深烙印在腦海中呢。

演出許多
安迪·沃荷電影作品，
還曾是巴布·狄倫女友的
伊迪·塞奇威克（Edic
Sedgwick）可說是60年代的
女性時尚指標人物。
她穿橫條紋韻律服
超可愛ㄉ的…♡

Edie Sedgwick
伊迪·塞奇威克

黑白相間寬幅橫
條紋的款式
我也很愛！
完全展現60年代
的復古風情啊！
搭配白色的褲裝
既復古又經典！

提到60年代
的時尚也絕不可
遺漏她！
時常可見她穿著
粗橫條紋衫
的身影。

Twiggy
崔姬

09

BOX ONE-PIECE DRESS

直筒剪裁洋裝

想穿出俐落個性時，選擇直筒剪裁洋裝就錯不了。直筒輪廓的剪裁洗鍊簡約，展現出精明幹練的感覺。洋裝本身已很素雅，隨著搭配的披肩式薄罩衫、鞋款、包包等，呈現出不同風貌是這項單品的迷人之處。

說到春天，
毫無疑問就是要穿洋裝啊！
想將直筒剪裁洋裝
穿出俐落有型的感覺。
與不同鞋款和外套的
組合搭配相信能演繹出
各式各樣的風格。
宛如60年代
盛行的洋裝款
式、長方形剪
裁的最理想。♡
當時流行
搭配
白色長靴，
非常可愛。♡
高跟鞋搭配短襪這樣
偏女孩的風格，
加上直筒剪裁洋裝正好
平衡過度可愛的感覺。

搭配
皮衣外套
也絕不會出錯！
超有個性!!!
剪裁簡單的洋裝
搭配高跟鞋的造型。
十分清新秀麗
又極富春意
的穿搭呢。
如果是藍色系的洋裝，
毫不猶豫就搭配
白色高跟鞋!!!

10

VOLUME BLOUSE

傘狀上衣

棉麻材質、充分展現浪漫氣息的上衣
搭配軍裝風色系的休閒褲和黑色的配件，
穿出溫柔中帶著剛毅率性的味道。
盡情大玩甜美與個性的混搭樂趣。

輪廓偏柔美的上衣
若加入一些中性風格的
單品點綴，便能穿出
融合甜美與個性的
混搭風格！
傘狀上衣不是襯衫，
是剪裁寬鬆的罩衫喔，
這很重要。
充滿
女人味
的類襯
衫式上衣
著重於
挑選寬鬆
剪裁、
材質輕柔
的款式。
和一般
襯衫不同的
形體與設計，
令人激賞
開心。
女人味
有提升
嗎？
只是，
這種白色傘狀上
衣容易流於像
傳統媽媽的
煮飯服！
或是
漂流者
繞口令團員！
（有點老的團…）
就會被吐槽
諸如此類…
和我有一樣困擾
的人，
要在整體造型中
加入流行的元素
增添帥氣度。

（註：漂流者（日語：ドリフターズ；
英語：Drifters）原為日本樂隊，後成為以演出短篇喜劇聞名的組合，
成員為碇矢長介、加藤茶、志村健等。漂流者繞口令是此團延伸出來
的表演節目。）

DENIM COAT

牛仔長大衣

說到牛仔服飾，一定是先想到牛仔褲，但其實我也很推薦牛仔長大衣。牛仔外套和稍長版的工作服外套等當然也是不錯的單品，但形體剪裁別致的牛仔長大衣，似乎可以隨著年紀增長穿得更久。

袖口反摺後內外布料的色差也增加了視覺上色彩的層次感，也是牛仔服飾另個有趣的細節。

衣襬處有流蘇般的抽鬚超美。

十幾歲時崇拜的帕妃二人組。

說到牛仔外套，對於經歷過油漬搖滾浪潮和二手古著流行的我而言，最經典的就是像這樣類似工作服的稍長版外套了。

30歲之後想試試比較優雅休閒的款式。

像是長版西裝外套般高雅的剪裁做為大衣也很美！也是春天想要的一件單品。

藉由細膩的刷色和破壞感展現獨特味道是牛仔服飾的魅力。好想要一件牛仔大衣啊～

GAUCHO PANTS

寬版褲裙

寬版褲裙當中也有材質輕盈、隨風飄逸的款式，
不會因褲管寬大顯得臃腫而呈現清爽俐落的感覺。
褲管的長度和鞋子搭配起來的比例非常重要。
希望能尋覓一件完美合我身的褲裙。

寬版褲裙近年正夯。
想穿著它隨春風搖曳，
颯爽登場！
搭配合適的鞋款
可以期待其修長效果，
絕對是穿搭的優秀單品！

POINT

將上衣紮入，可以凸顯簡潔俐落的腰線。

和我一樣
對尷尬的膝下長度
有點困擾的人，利用奢
華感的高跟涼鞋立刻
就能拉長腿部線條！

寬版褲裙！
我自己是也買了一件，但老公看到卻說
妳穿那什麼？好像《天才妙老爹》裡的大褲衩喔。
哈哈哈哈哈哈
搜尋了一下赤塚不二夫老師畫的「大褲衩」，果然跟我想的沒錯…
簡直一模一樣…
NG點
沒有明確的腰線。
條紋又加上硬挺的材質。
長度有點尷尬。
雖然寬版褲裙的特色就是褲管寬大，但也不能過頭。
挑選寬版褲裙時要格外講究剪裁與材質。
以材質輕柔飄逸的款式為佳。膝下10～13cm左右的長度搭配高跟鞋效果最好。

(註：《天才妙老爹》為日本知名搞笑漫畫家赤塚不二夫之作，大褲衩是此部漫畫中角色之一)

CHINO PANTS

九分卡其褲

這種常見的九分卡其休閒褲材質多為斜紋棉布。
原先是軍服或工廠制服所採用、便於活動、工作的褲款，
因此材質和剪裁堪屬經典。
想利用帶有些微光澤感和挺度的九分卡其褲，
搭配華美的高跟鞋和包包，穿出奢華率性的感覺。

POINT

露出腳踝，搭配優雅的高跟鞋。

POINT

褲管寬鬆且具硬挺度的材質。

這種九分卡其褲
並非如窄管褲的版型，
剪裁基本上略微寬鬆，
藉由無腰身設計的直筒型上衣和高跟鞋，
穿搭出率性的造型。

14

HIGH WAIST BOTTOMS

高腰下半身單品

高腰設計的裙或褲，
容易讓人顧慮腰部與臀部的曲線而卻步。然而，
這樣的下半身單品其實和傘狀或直筒型剪裁的上衣十分合襯，
同時也有修長雙腿的效果。

這身傘狀上衣搭配
寬版褲造型的
重點在於，
藉由高腰綁帶的設計
立即營造收縮顯瘦
的效果。

另一種
穿搭造型
穿著洋裝時，
將腰帶
繫於高腰處
也很好看。

15

JACKET

西裝外套

西裝外套之魅力在於既可正式亦可休閒。隨著搭配高跟鞋、球鞋或靴子等不同鞋款就能展露截然不同的形象。

POINT

窄身、略長版的剪裁看起來很帥氣。

因工作初次會面或是與人會議時等，穿著需要較端莊正式的場合時一定派上用場的單品。

另一種穿搭造型

我喜歡搭配牛仔服飾和球鞋的休閒風造型。

西裝外套可正式、可休閒的特色與實穿度正是它吸引人之處。

西裝外套 × 牛仔吊帶褲

這樣的造型也很棒！

16

BLOUSON

休閒短外套

衣櫃裡備有一件休閒短外套相當實用，豔陽高照時可遮陽，微寒氣候時也可禦寒。選擇短版合身的款式還可當作披肩披掛，搭配稍微正式的長洋裝和跟鞋是我目前偏愛的穿搭方式。

選擇短版合身、俐落設計的款式。
另一種穿搭造型
搭配合身窄裙和高跟鞋，穿出優雅成熟的女人味。
尺寸沒選好的話，有可能一秒變「大嬸」。
這是長版毛衣吧…

POINT

推薦米色或白色等明亮的色系。

17

PEARL

珍珠飾品

珍珠向來與肌膚融合又能襯托出白皙的膚色。
藉由設計洗鍊時尚的珍珠飾品搭配牛仔褲和簡單的素T，
穿搭出休閒中帶點貴氣的造型。

饒富設計感的珍珠飾品
搭配牛仔褲，營造
些許粗獷率性的風格！
熟女們可以在整體
偏帥氣的造型中
隨處點綴一些珍珠飾品。
捨棄較老氣的珍珠串鏈
而選擇設計簡潔、
鑲嵌大顆珍珠的飾品，
是徹底展現成熟女性魅力
的穿搭技巧。

PEARL 珍珠 !!!
是我最喜歡的飾品之一，
但是穿戴在我身上總有暴殄天物
的感覺。
因為我的脖子短、肩膀又寬，珍珠短鍊之類的飾品實在不適合我。
話雖如此，
戴上長鍊又被說
像「僧兵」。
不像吧…
CHANEL
香奈兒
珍珠啊…
如此優雅迷人，
我也很愛卻很難駕馭。
明明很喜歡…
但這樣的煩惱
隨著香奈兒陸續
推出富設計感的
珍珠飾品似乎
煙消雲散了！
珍珠還很大顆
竟然有不是串鍊的設計!!!
想拿來搭配牛仔服飾 !!!
受此影響，在許多店裡也開始
見到設計簡約洗練的珍珠飾品，
易與休閒風格造型搭配，
看來嶄新的珍珠潮流來臨囉！
完全被珍珠的
魅力俘虜了!!!
希望有天能成為配
得上穿戴真品珍珠的女生!!!
伊勢海女
全身白服
的裝扮!!!
從海女開始修行？！

HAIR BAND

髮帶

無論多少服飾打造出來帥氣的造型，
也會因一頭雜亂無型的髮型毀於一旦……
這種時候髮帶就是救命恩人啊。
只要隨性綁上一條出色的髮帶就能完成具有整體感的造型。

即使穿搭簡單休閒，只要綁上花色亮眼的髮帶就能瞬間增添些許華麗感。
利用絲巾摺疊而成的髮帶。
一條質感優異且帶有光澤感的髮帶，立即烘托臉部周圍凸顯五官呢。
盤髮加上髮帶也好看
短髮也適合
與任何髮型皆合適又實用，一定要來一條啊！
服貼頭髮的黑色細髮帶。
CHANEL 2015年秋冬秀上的髮帶運用方式也很美。

髮帶的延伸變化
我來掐指算算！
宛如太陽神的巫女長耙
世良風髮帶

（註：世良風指的是1970-80年代紅極一時的搖滾歌手世良公則，當時他常以長髮箍上髮帶的造型出現）

19

BANGLE

手環

手環可說是決定整體造型帥度的關鍵配件。
戴上它可以凸顯纖細柔美的手腕。
不管是銀色、黑色、灰色或白色等，
想物色一款適合成熟女性的完美手環。

皮製手環
Leather Bangle

目前最想要的是
一個皮質的手環。
顏色偏好灰或白。

多層次手環
Layered Bangle

疊戴數個不同寬度和材質
的手鐲或手環，擺動中
展現一種律動層次感。

90年代
青春時期的我

從20幾歲酷愛奇特古怪時尚裝扮的我
就已熱愛手環!!!

哈囉！
哐啷
哐啷
總之就是要
戴一大堆其
實很吵。
而且還兩手都要…。

喜歡壓克力材質的，
現在仍時常配戴。
最近想要
成熟一點的款式，
剛好近年也很
風靡手環，
雖然屬意一款
銀手環，
但價格差點令
人跌破眼鏡。
皮製手環應該
比較在可入手
的範圍吧…

反應也真老派…。
驚人
60,000日幣

駝色皮質手環
Camel Bangle

由於駝色
很接近及
融合膚色，選擇
寬版些的款式較有
存在感，戴起來超美。

幾何方型手鐲
Cube Bangle

像這樣
方型設計的款式
充滿童趣玩心
也很棒！

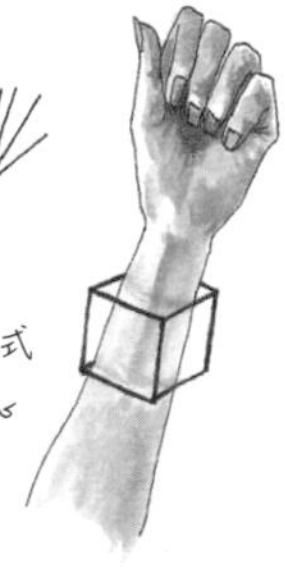

BLUE×ANIMAL SHOES

藍色×動物皮紋懶人鞋

穿搭中運用動物皮紋時，以此為造型唯一重點，就能避免過度花俏而營造出清爽的感覺。蛇皮或豹紋與藍色服飾相互搭配的協調性尤其優異！

我發現清爽的藍色系可中和動物皮紋視覺上搶眼的衝擊感。將動物皮紋運用於穿搭時，重點在於侷限於鞋子或包包單一配件上。若穿著動物紋路的鞋款，其他配件則盡量統一為基本的黑色系。除此之外，選擇如懶人鞋、便鞋或樂福鞋等平底鞋款，營造休閒且率性的風格。

土生土長的大阪人
人人愛的大阪大嬸裝扮風格。
「兩種動物紋混搭」是一定要的。
上：豹紋 下：斑馬紋

比較高明的穿搭方式請看這…
以動物皮紋單品作為造型的唯一重點。

恐、恐怖喔
如弄蛇人將蛇纏繞在脖子上。光想像就渾身發抖…。
蛇紋近來也頗流行，也想嘗試加入造型裡。

藍色洋裝搭配蛇紋涼鞋也很美呢。
休閒又有型!!!

21

METALLIC SHOES

金屬色系皮鞋

除了首飾之外，也想將銀色系帶入鞋款中。
將極度帥氣的銀色牛津鞋
作為時尚造型的單一重點就絕不會出錯！

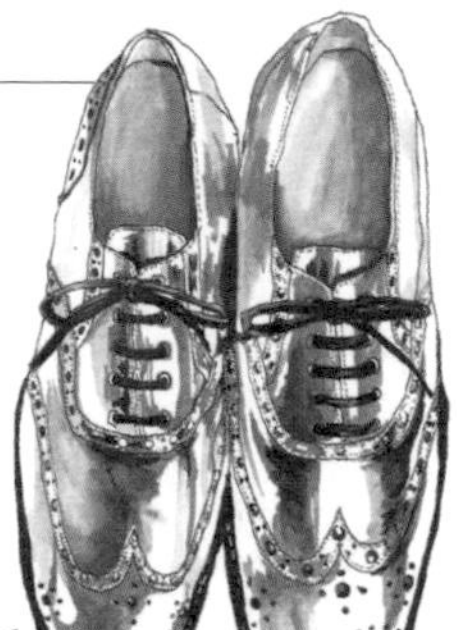

就算是
棉質罩衫 × 牛仔褲
這樣簡單的造型，
腳踩一雙
金屬色系的鞋子，
時尚度便頓時提昇！
我自己正想尋覓
一雙黑色鞋帶與
鞋底的款式，但
白色似乎也很美，
皮革鞋底的
好像也不錯…
啊啊～好猶豫啊！

90 年代
青春時期的我

大學時代熱愛古怪風格的時尚

60's盛行
的銀色
高跟鞋

……
我當然也擁有一雙！

喔！你要去跳國標舞嗎？
嘿，乎當人！
損友

諸如此類，被各種比喻玩笑虧過。
（但我完全不以為意，這就是
20 世代的人可怕之處。）
只是到了 30 歲之後
穿銀色高跟鞋，還真
的很像 在國標舞大賽上
跳騷莎的舞者…。

SALSA
騷莎

本來以為
過了 30 歲
就很難
有勇氣
再穿上銀色
的鞋子。

我不會跳騷莎……。

為之一亮！

……
如牛津鞋般
偏中性的金屬
色系皮鞋似乎
與簡單休閒風
的造型挺合適，
看起來反而很帥
氣有型。

Chapter 2

S u m

S u

ier

Chapter 2

隨著天氣漸熱，
雖然時尚裝扮也會偏重涼爽舒適度，
但往往也想在夏裝上大膽地進行冒險。
拒絕落入T恤搭配各式裙褲這般了無新意夏日裝扮的俗套，也不甘於終究以棉質服飾作為面對酷暑的唯一解套，想悠遊於多層次的蕾絲服飾和亮片綴飾的迷你裙中那種欲望蠢蠢欲動，這是僅有在夏季才會陷入、令人掙扎同時興奮的時尚陷阱，
也僅有在夏季才會感染到的解放氣息。

mmer

22

BRILLIANT SHIRT

亮色系襯衫

材質為棉或麻、色系鮮明的襯衫，
可以展露成熟又有個性的感覺。
無論是桃紅、橘色或黃色系的襯衫，
都想帥氣地駕馭出亮眼的造型。

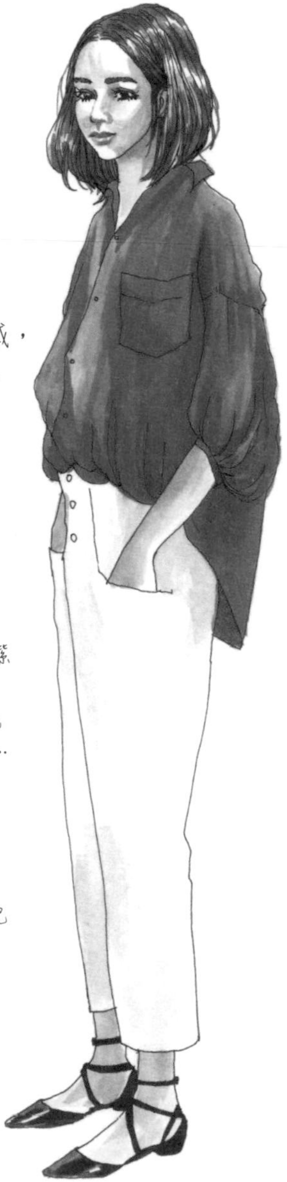
亮色系的襯衫，
若選擇棉麻材質
會呈現偏霧面的質感，
顯得較成熟高雅。

無論是因為迎向夏日
自然而然會產生的解放心情，
還是對於低調簡約風格
的一種叛逆反動，
總之就是
很想擁有幾
件亮色系的
襯衫…
薰衣草紫
或是
藕粉色
之類…

挑選亮色系襯衫時，
了解什麼顏色最適合自己
十分重要。
最近很流行
的土色、
南瓜色系
我穿就不太
適合。
順道一提，
我和橘色調的服飾
似乎無緣（淚）
但橘色是夏天的
代表色啊…

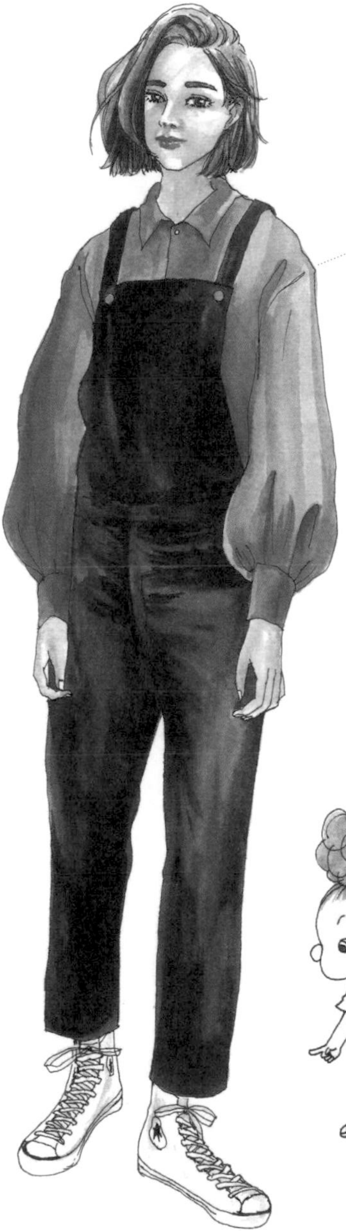

POINT

挑選襯衫剪裁時，
捨棄簡單的款式，
盡可能選擇帶點設
計感的，可以增添
些許奢華度。

如果沒有勇氣
嘗試單穿亮色系襯衫的話，
不妨搭配
連身吊帶褲之類的單品，
降低色彩占全身的面積，
應該就容易許多。

造型中
運用彩度高的
顏色時，
白色球鞋就是
最佳的夥伴!!!

營造出
恰到好處的
休閒感。

ROMANTIC BLOUSE

浪漫風罩衫

酷暑的天，雖然靠T恤×牛仔褲的裝扮也能安然度日，但畢竟還是想展露時髦亮麗的一面，這時祭出浪漫風罩衫就對了！選擇棉或麻質等能吸汗透氣的款式，烈日當頭似乎也能兼顧涼爽舒適度與優雅造型。

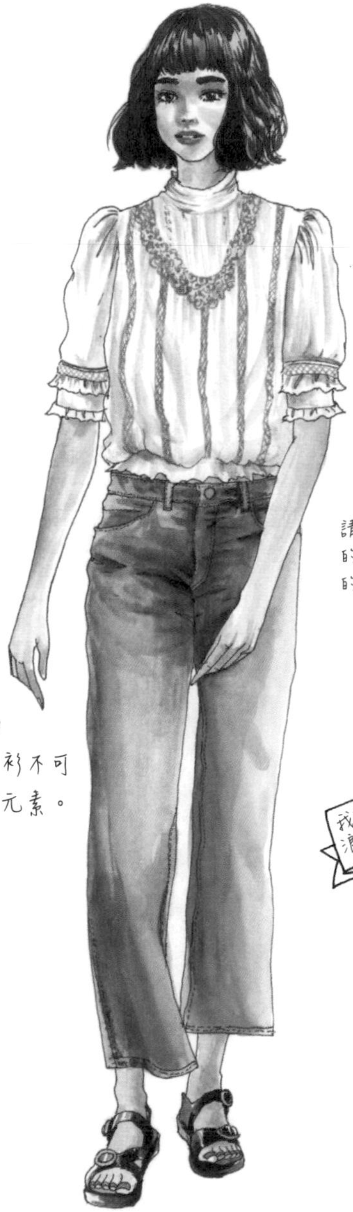

POINT

點綴著質感典雅的蕾絲與荷葉邊的一件浪漫風上衣，就能打造出具都會感又休閒的造型。

立領和蓬袖是浪漫風罩衫不可或缺的設計元素。

請下C-C-B的「止不住的浪漫」。

抱歉，講到「浪漫」這詞忍不住就想畫C-C-B啊…

若提及「浪漫風格」，腦中浮現的就是大量的荷葉邊與蕾絲那般華麗的形象，不過我想多點現代感、休閒感的穿搭比較合時宜吧。

（註：C-C-B為日本80年代著名搖滾偶像樂團）

POINT

加入墨鏡和鏈帶小背包增添些許個性感，讓整體造型不過分浮誇華麗。

黑色的浪漫風罩衫
搭配九分卡其褲
也很美！

活用九分卡其褲本身
的休閒感，並加上
綴有輕奢華珠寶飾品
的平底黑色涼鞋
是此身造型的
時髦關鍵！

POINT

搭配九分卡其褲或牛仔褲等帶點街頭風格的下半身單品，呈現時尚休閒感十足的造型。

WINDOW PANE PLAID

細格紋上衣

Window Pane Plaid顧名思義就是宛如窗框的細格紋。
由簡單的黑白兩色構成的格紋圖樣，
不僅展現簡約的時尚度，
與其他單品也十分容易搭配。

另一種穿搭造型
細格紋應用在褲子上也很可愛!!!

類似磁磚格紋的效果最好。

心目中最理想的款式是黑白兩色交錯，格子大小最好是10×10cm左右!!! 對比鮮明，別具風格的格紋呈現方式！

這樣的格紋運用於下半身單品或是洋裝上應該也很時髦。想入手這麼一件夏天展現清爽涼意，似乎也能一路穿到秋天、可做為全身造型重點的實穿單品。

所謂Window Pane Plaid
窗框 格紋
究竟算是種印花圖樣還是格紋？
這其實也讓我思索了許久…
一般形容的格紋服飾通常較容易與秋冬做聯想，總覺得夏天不太會穿著格紋。
但就在我想尋覓一件印花圖樣的上衣時，發現了宛如窗框一般的細格紋！
視覺上很有涼意!!!
最想要白底黑格紋的款式
或
但黑底白格紋的也不錯。
於是我試著查證一下，這是屬於傳統格紋的一種，似乎廣泛用於男性西裝設計上…
也有看到紅底黑格紋的款式，但不管怎樣看起來都像蜘蛛人。
用在童裝上應該還不錯…

BIG SILHOUETTE T-SHIRT

寬鬆剪裁T恤

原以為寬鬆剪裁的T恤穿搭難度頗高，
但若是側邊有高開衩設計的款式，
隱約露出下半身的造型其實相當時髦。

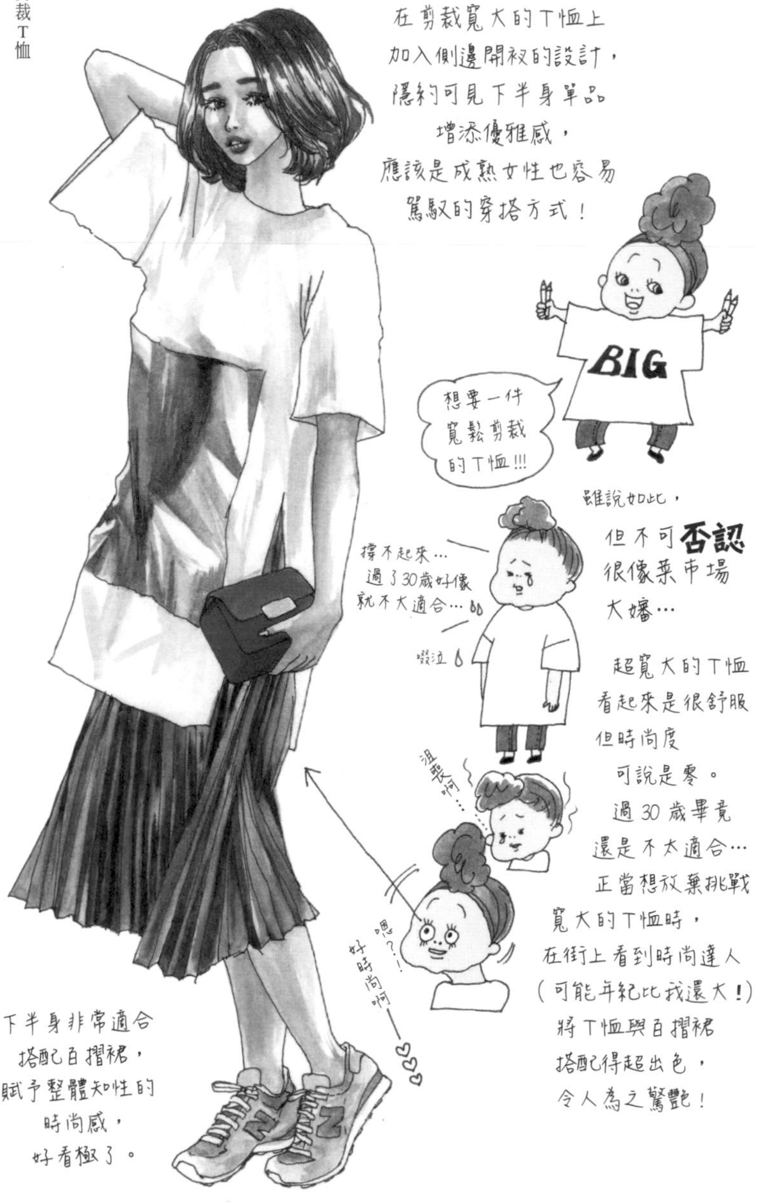
在剪裁寬大的T恤上
加入側邊開衩的設計，
隱約可見下半身單品
增添優雅感，
應該是成熟女性也容易
駕馭的穿搭方式！
BIG
想要一件
寬鬆剪裁
的T恤!!!
雖說如此，
但不可否認
很像菜市場
大嬸…
撐不起來…
過了30歲好像
就不太適合…
啜泣
超寬大的T恤
看起來是很舒服，
但時尚度
可說是零。
過30歲畢竟
還是不太適合…
沮喪啊…
正當想放棄挑戰
寬大的T恤時，
在街上看到時尚達人
（可能年紀比我還大！）
將T恤與百摺裙
搭配得超出色，
令人為之驚艷！
嗯？！
好時尚啊
下半身非常適合
搭配百摺裙，
賦予整體知性的
時尚感，
好看極了。

CAMISOLE DRESS

細肩帶洋裝

穿著細肩帶背心或洋裝時，為了避免流露出詭異的低俗性感，可以內搭件T恤和搭配球鞋營造休閒率性的風格。

原以為36歲的我
大概與細肩帶
服裝無緣，
但像這樣多層次
穿搭，超時尚!!!
於是又燃起
我的物欲了。

POINT

設計看似簡單但帶點垂墜慵懶感的材質，內搭素T展現多層次又休閒率性的風格。

How about this?

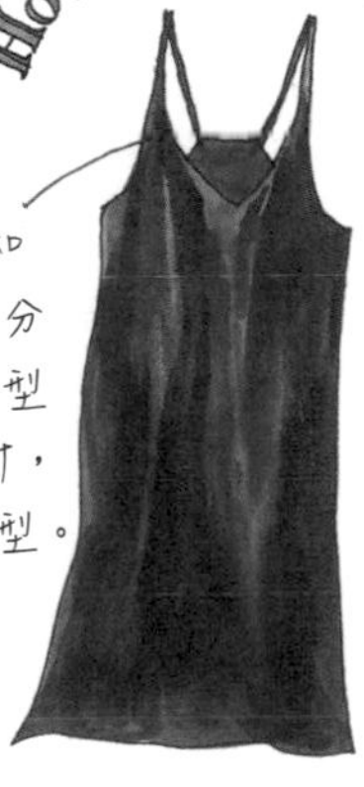
肩帶和
上胸部分
一體成型
的設計，
簡約有型。

少了蕾絲或緞帶等
多餘的裝飾，
素樸簡約的輪廓減低
過度性感的疑慮，
接受度似乎
也比較高吧。

另一種
穿搭造型
時尚
編輯
許多國外的
時尚人士會
內搭襯衫，
是更高段的
穿搭技巧!!!
一定要單手
拿杯星巴克
色彩鮮明的
細肩帶洋裝
也輕鬆駕馭!!!
腳踩雙中性風的
紳士皮鞋增添
個性就沒錯！

VENUS DRESS

女神系飄逸洋裝

宛如羅馬神話中女神身上的洋裝，利用大面積布料營造出高雅質感和優美的剪裁輪廓。不僅能掩飾身型缺點，有袖的款式還能修飾手臂。

這種長洋裝令人聯想到古羅馬神話中出現的女神維納斯身上的造型，我就擅自稱之為「女神系洋裝」囉！

布料的柔軟度和質感帶出自然的皺褶和垂墜度，極富夏日氣息的洋裝款式。雖然一口氣及踝的長度難免略嫌沉重，但輕盈的布料在行走間隨風吹拂，舉手投足展現優美的飄逸感，好想要一件這樣的洋裝!!!

過度打扮到這程度就有點像角色扮演了。

當然目的不是想完全模仿維納斯，我想要的是可以日常穿著的女神系風格洋裝。

過度華麗給人太隆重的感覺，對於日常裝扮可能不那麼適合。
OK
NG

BOHEMIAN STYLE

波希米亞風格

波希米亞風格其實在90年代我還10幾歲時就曾盛行。年輕時並不適合也未能嘗試，但如今想推薦大家巧妙運用蕾絲材質的波希米亞風格造型。

90年代
青春時期的我
編織髮帶
先編三股
編辮子後
放下來的
微波浪長髮。
就這麼穿！
二手古著店
必有的
咖啡色皮革
小提包。
也是二手
古著店
必有夏威夷風
的長洋裝。
夾腳拖鞋

90年代時由於70年代的嬉皮風潮復興，波希米亞風曾經流行一陣子，而走在時尚尖端的我當然也跳入這股浪潮（真厚臉皮）。

溫子!!!
妳那什麼裝扮？
邪馬台國人？!
被媽媽
這樣評論（笑）
斷掉
並不是
住嘴啦!

其實我現在也可以理解媽媽那時為什麼這樣說…，和波希米亞、也就是所謂的遊牧民族相去甚遠的日本人突然綁起編織髮帶真的很像倭族女王卑彌呼啊。

（註：邪馬台國一詞出自《三國志》中記載、由女性國王統治的倭族王國，被視為是現今日本的起源）

藉由質感高雅的蕾絲單品詮釋的波希米亞風造型。

POINT

以大地色系的鞋款完成造型。整體看起來清爽俐落卻保有波希米亞風特有的率性粗獷感。

MAXI SHIRT ONE-PIECE

洋裝式長版襯衫

鈕釦全扣可當做洋裝穿著；
扣一半露出下半身單品又是另種穿法；
全部都不扣彷彿薄罩衫外套等，
擁有一件洋裝式長版襯衫可以變化出多種造型，充分享受百變樂趣。

POINT

藉由超長版襯衫塑造出修長的I型輪廓。

顏色上建議選擇米白色等淺而明亮的款式，即使夏天穿著也能展露清爽涼意。

另一種穿搭造型
冬天可以在上頭套件針織毛衣!!!
夏、秋、冬皆可穿太棒了！

30

STRIPE

直條紋單品

每年都會想入手一件直條紋單品！
感謝其優異的拉長修飾效果，關鍵時刻總能派上用場。
由於直線條自然而然會將視線從頭引導至腳，
看起來十分涼爽俐落。

將直條紋單品
擺在下半身時，
拉長修飾身型的效果
格外優異!!!

我偏好
粗的直條紋，
不過常見於
牛仔布或
凹凸棉織布上
細的直條紋
我也愛。

想當然爾（？）是阪神虎的粉絲。

哼著阪神虎隊歌
Tigers

直條紋隊服。

31

MARINE STYLE

海軍風造型

一直嚮往成熟女性隨性的海軍風裝扮模樣。
無論是運用法國國旗上經典的紅、藍、白三色，
或穿上海軍風的褲款等，
在造型中不經意地裝點海軍風元素就能散發高雅品味。

期許能巧妙高明地運用成熟的海軍風當中經典的紅、藍、白三色。
（只讓紅色出現在唇部和帆布球鞋上作為小點綴，格外展現出傲人品味呢！）

水手帽和水手服
在有點年紀的人身上
難免令人聯想到角色扮演，
但若加入一件海軍風格褲款，
看起來和一般白色長褲
並無不同就不會感覺
過於突兀，也可以打造出
不造作的海軍風。

POINT

藉由法國的代表色紅、藍、白三色營造法式的海軍風格，亮眼的紅色則有畫龍點睛之效。

為了
體現所謂的
「海軍風」，
應該要試著
了解正統
的水手服。
衣領立起來
收集聲音
（要幹嘛？）
14歲時
的我
中學的制服
就是水手服風格，
所以我一直以為
所謂的水手服就等
同於女子學生制服。
當我了解
真正的
「海軍制服」
時很吃驚。
原來水手服是
海軍的水兵或水手
穿的制服？！
了解水手服上的
色彩運用方式時
也嚇了一跳呢。
嬰兒或小孩
穿上水手服
看起來格外
頭好壯壯
呢。
並不是為了營造
「可愛感」，
每個顏色運用
都是有其緣由和
意涵的。♡
咿
咿
呀
呀

SET-UP

單色套裝

單色套裝因為顏色占的面積很大，
雖然會傾向選擇安全不出錯的黑色或深藍色，
但有這麼一套可以做很多穿搭上的變化，
我覺得選擇卡其色或粉杏色也很時髦。

（以我為首），
對於雙臂較沒自信的人，
穿著無袖的上衣
可能需要點勇氣，
但若是稍微遮住
肩膀及上臂的
法式袖口設計
應該會不錯！

POINT

上衣最好挑選短版的款式。

下半身褲型
可挑選寬版或
褲管漸縮窄的
打摺褲，
當然褲裙也很美，
但寬版褲型
比較沒有退流行
的問題而能
穿得比較久。

搭配高跟鞋、
便鞋和牛津鞋
都很相襯!!!

單色套裝的
魅力就是
可以拆開來和
別的單品搭配！
套裝各別搭配
set up
一套就可以搭出三種不同的
造型簡直是一石三鳥啊!!!
還不僅如此…
透過一些首飾或配件
增添華麗度的話，
就是很適合參加續攤聚會的裝扮！
加個外套也可以出席
小孩的入學典禮或是
七五三節等活動！
（抱歉這只適用於有孩子的媽媽們…）
根本是一石五鳥，太實用了。
絕對要有這麼一套啊!!!

（註：七五三節是日本獨有的節日，在男孩三歲、五歲；女孩七歲時，父母會於每年的11月15日帶小孩去神社參拜，感謝神祇保佑之恩，並祈祝兒童能健康成長。）

WHITE COORDINATES

白色系穿搭

全身統合為白色系的穿搭可以嘗試混搭不同的材質，如棉麻質的襯衫搭配混棉的牛仔褲等，從材質上展現層次感。

POINT

其他點綴色若統一一致時相當有型！黑色、深藍、灰色與白色的協調感都很好。

如果不是純白色
那還不如不要穿！
即使洗衣時再費心，
白色衣物上只要有髒污
總是格外明顯，
因此準備幾件替換
相當重要，不妨
多採用平價品牌的
白色服飾維持爽朗潔淨
的白色造型。

用「白色系穿搭」(還是屁股)趕走夏日煩人的暑氣!!!
呀—
夏
擠~走
本來看見滿街流行、令人眼花撩亂的白色單品，都覺得很老土，但無意間看到白色的吊帶連身褲和白色短襪突然讓我發掘了白色的時尚感。
而且沒有別的顏色比白色在夏季更讓人覺得涼爽了。
棉麻材質的白色洋裝好清爽啊—
完全不會吸熱，超—涼爽。
春天過去 夏天也到了吧 全白的衣裳 曬乾飄揚著 在那天之香具山上
持統天皇
在日本和歌詩集《小倉百人一首》中也如此詠說著：「全白的衣裳曬乾飄揚之際，夏天也到來了。」可見從很久以前，論及夏天就聯想到白色衣物呢!!! 化作詩歌在腦海中留下的印象似乎又令人重新感受到只屬於夏日白色的美好。
妳現在可能會覺得幹嘛要背《百人一首》好煩，但相信我，20年後等妳工作會用得到，加油好嗎？
這位大嬸妳誰啊？
36歲的我
暑假作業要背《百人一首》15歲時的我

RAINY DAY STYLE

雨天造型

最近出現各式各樣時尚的雨具和防雨配件。
也想尋覓一些鍾意的雨天裝備，
希望在梅雨季節也能享受裝扮的樂趣。

傘的反面紅色
與雨靴隱約透出的
紅色短襪相呼應，
營造造型整體感。

雨衣挑選楓紅色
或是類似風衣設計的款式，
在梅雨季微涼的日子裡
帥氣披上，
時尚度也依舊不減。

比起長雨靴，
短靴款比較
不悶熱透氣，
不僅能確實防水，
看起來也很時髦，
真是超棒的產品。

以前騎腳踏車上下班時期穿到現在…唯一重視的是服裝的機能性
防風防雨外套
THE 長靴

雖說這樣一來，
雨天或是
梅雨季也能
美美的出門…
但我自己的
防雨衣物和
配件
都很醜！

RAINY DAY

想擁有美美的
雨天裝備，
即使雨天也能
有雀躍的心情
出門!!!

HIGH-TECH SNEAKERS

潮流款科技球鞋

在90年代風靡的球鞋熱潮之下推出的許多球鞋，
如今陸續推出復刻版。
特別想搭配裙裝，詮釋出酷帥、潮流感十足的風格。

NIKE 的
AIR RIFT 也推出復刻版
令人雀躍。——♡

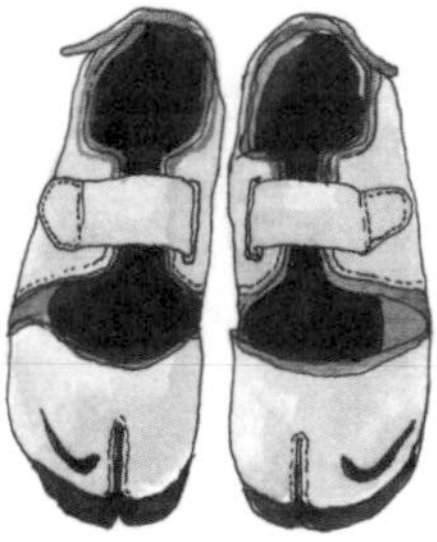

1996年
的我
燙得一頭
硬邦邦的
漩渦捲。

90年代於我而言
是時尚啟蒙期。
始於NIKE AIR MAX的
球鞋潮流我也深陷其中。

在那股球鞋風潮中，我一直
好想要一雙Reebok的
INSTAPUMP FURY，
渴望好久
但還是沒買…
等到有天發現
市面上已經
找不太到
這雙鞋款
了…

沒有鞋帶，
而是靠鞋舌上
的充氣按鈕加壓固定!!!
超帥的。——♡

20年後
竟又復活!!!

（時尚聖經說得
果然沒錯，20年
是一個輪迴！）

潮流款球鞋
與裙裝非常相襯!!!
合身的窄裙也好，
傘狀的圓裙也好，
只要掌握好比例，
都可以配搭出帥氣的
裙裝造型!!!

← 這樣的
沉穩配色又
是復刻版!!!

許久不見
你我都變
成熟穩重了呢 ——♡

我要買 ——♡

FLAT SANDALS

平底涼鞋

想藉富有設計感的平底涼鞋
塑造極具個性的造型。
延用於秋天裝扮也不違和。

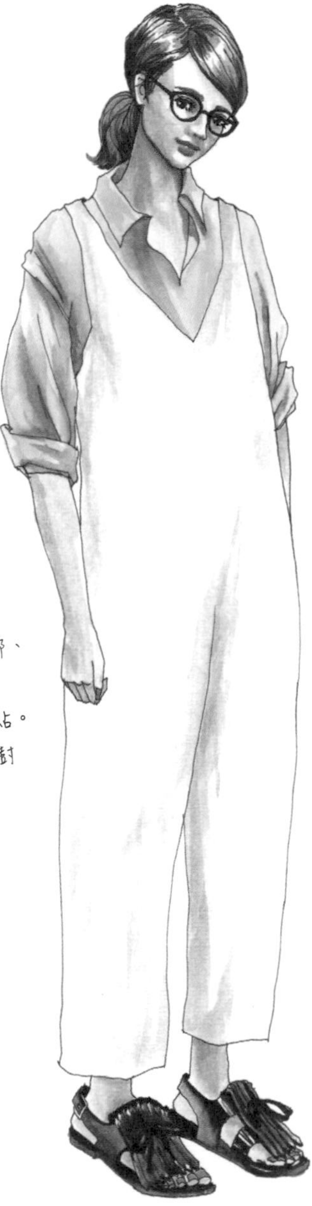
在這一身直筒型輪廓、
簡約的造型上
似乎能成為視覺重點。
想擁有一雙造型獨樹
一格、吸引目光的
平底涼鞋。

搭配可愛的襪子，秋天也能繼續活躍登場！
T型鞋面的款式
裸露面積大，
合穿的場合有限，
選擇可以露出
全部腳趾的款式，
似乎可以一路穿到秋天。
好想要——
可是無緣——
夢想擁有的
MARNI
平底涼鞋。

37

COMFORT SANDALS

舒適款涼鞋

既稱為舒適款，
當然就是可以輕鬆愜意穿著的涼鞋。
搭配簡單的褲裝或裙裝都非常合適。

像這樣的舒適款涼鞋和短襪很搭，是可以一路從夏天穿到秋天的鞋款。想收集各種顏色、設計和鞋型呢。
若是搭配裙裝的話，即使夏天配雙短襪也毫不違和。♡
與寬版褲或褲裙等帶點蓬度的褲款都很合適!!!
在黑色與白色之間舉棋不定。

POINT

因為可以清楚地展現腳趾部分，夏季不妨盡情在美甲色彩和造型設計上做些變化。

接到 勃肯鞋的 試穿邀請 !!!
是工作♡ 工作♡
這裡有做隆起墊高的設計，走路時腳趾不會一直往前衝。
鞋的側邊隱約可見品牌名 BIRKENSTOCK 也很討喜。
鞋面上的皮帶可調整，腳背較高或較厚的人可視自己的腳型調整鬆緊。
整體而言 非常舒適的勃肯涼鞋!!! 本來其實一度變心想買 Teva 的涼鞋（Teva 也有做鞋尖防滑的設計），但最後還是選擇方便穿脫的勃肯。
漸入秋天稍有涼意時 搭配短襪 一定超可愛 !!!

38

SUNGLASSES

墨鏡

墨鏡可說是一項戴上瞬間時髦度破表的配件。
雖然已擁有無數副，
但每隻鏡框和鏡片形狀都略有差異，
還是忍不住想多多收藏。

渴望入手圓框的墨鏡。想尋覓一支有別於基本款的黑色鏡框，像是粉膚色或象牙白等淺色框架的款式。
鏡面大的話，臉看起來會小一些，是必備款式！
人手一支的基本款雷朋黑框墨鏡雖然不錯，但琥珀鏡框也很美。超想要！買定了！

雖然我個人很喜歡
這種類似搞笑道具的
誇張墨鏡，
但一般日常好像戴不出門。
CHANEL 或 GUCCI 等精品名牌出的
貴婦風墨鏡雖然也很好看…
但我還是想要正圓形的鏡面。
基本必備的
Ray-Ban
雷朋
KAREN WALKER
有出個性十足、
圓得恰到好處的
款式!!!
CUTLER AND GROSS
的圓框墨鏡也很美。
超適合圓框眼鏡的天之驕子！
?
像約翰藍儂戴的
勞埃德正圓形鏡款
挑戰性就稍微高了…

（註：勞埃德為20年代美國知名喜劇演員，全名為Harold Clayton Lloyd, Sr.哈羅德．勞埃德，總戴副圓形眼鏡為其造型特色）

39

PANAMA HAT

巴拿馬藤編帽

巴拿馬藤編帽
與任何休閒風裙裝或褲裝等各種裝扮都合襯。
是不挑人的優異帽款！

帽沿稍寬的款式
修飾臉型的效果很好。
當然也可當作遮陽帽，
夏季一定要準備一頂
這樣的帽子！

藤編帽和裙裝、
褲裝都好搭配，
無論長髮或短髮
的人也都合適，
真的是非常實用
百搭的帽款。

巴拿馬藤編帽
這是位於赤道下端的南美洲國家厄瓜多爾生產的帽子。
利用當地原產的托奎拉草的纖維編製成的，
需要非常熟練的技巧才能完成。
和我原先想像的名稱由來不一樣!!!
南美洲地圖
巴拿馬
秘魯
厄瓜多
巴西
哥倫比亞
玻利維亞
智利
※原來是當時時任美國總統的羅斯福訪南美洲經過巴拿馬運河時所穿戴的帽子，因而稱作巴拿馬帽啊!
真曲折
不同的歷史緣由總有各式各樣的說法，不管如何，這種帽子與任何服飾都能搭配，又可遮陽，夏天時家家戶戶都該必備一頂！
（男女通用♡）
於是，我也買了一頂，雀躍地戴上想給老公看時…
你看，♡是不是很像萬田久子？（真厚臉皮）
喔!!!
好像《夢劇場》CD封面上的梅澤富美男喔！不錯捏!!!
好歹也說是萬田久子吧!!!
老公
完全不懂時尚，34歲

（註：萬田久子是日本著名的帽子女星，據說沒有她戴起來不好看的帽子）

Chapter 3

Au

Autu

t u m n

Chapter 3

秋天，穿著騎士風外套正好；
祭出長靴也不突兀；
甚至可以出動仿真皮草單品。
穿搭的變化範圍瞬間擴大，
當季食材料理又美味，堪稱最棒的季節！
努力裝扮著自己度過其他季節，
彷彿就只為了等待迎接秋天豐碩的果實。

n n

LONG CARDIGAN

長版針織外套

長版針織外套不僅能稍稍掩飾女性普遍在意的臀部和大腿，達到修飾身型的效果，還能將視線自然由上引導至下，因而能營造修長感和簡潔俐落的造型。

顛覆一般針織外套的概念，如今出現許多長及小腿或腳踝的款式!!!
初秋之際可選擇輕薄的材質，避免過度厚重累贅。

配合長版針織外套向下延伸的視覺感，加上長背帶的肩背包更加能描繪修長的輪廓線條！

接近小腿肚的長度格外率性！

想嘗試
較高階的穿搭，
不妨內搭
迷你短裙和踝靴
也極度時尚 !!!
asos
的長版針織外套無論外形與
長度都令人滿意，超好看 !!
針織毛帽
×
球鞋
×
長版針織外套 !!!
混搭一些
運動風元素
也非常出色！

SWEAT PARKA STYLE

連帽棉質衫

有這樣一件連帽棉質衫，輕鬆套上就有型，冬天還可內搭於大衣裡。
這裡推薦的並非偏運動風格、寬大的連帽棉質衫，而是具成熟知性感、材質更細緻的合身款式。

POINT

連帽棉質衫的蓬度與合身度之間的平衡十分重要！

想拿它來搭配寬褲!!!

等待一件和腳上的高跟鞋能和諧並存、優雅簡潔的款式出現！

想將易與年輕人聯想的連帽棉質衫穿出成熟穩重的感覺。

藉由手拿包或深藏衣櫃許久的配件，保有成熟的華麗感，展現優雅姿態！

如此這般!!!
帽子的束繩拉緊
頭髮都看不見…
像這樣
套件過大的
連帽衫很像
要去運動…
帽子部份
確實拉好
立挺。
衣領處
稍微
拉鬆！
手臂處
合身
腰線也
合身
對品牌
和設計師
有所講究，
尋求一件
完美的
連帽
棉質衫!!!
款式合身，
外搭上大衣
也不會卡卡的，
帽子拉出來
有剛好的挺度
最為理想。

LONG VEST

長版背心

長版背心既可以掩飾身型缺點，又可以做很多穿搭變化，是項值得投資的重要單品。

只要套上這麼一件
就能立馬提升
時尚度。
針織外套
有時略嫌笨重，
而這樣背心式的
無袖剪裁
更顯輕盈、幹練。
看到許多
服飾店店員
把長版背心
穿搭得好時尚，
又能修飾身材，
似乎是件優秀
的單品。
直落至腳邊的剪裁
強調直線輪廓，
絕對有拉長身高
的效果！
搭配70年代
流行的
闊腿牛仔褲，
復古又率性。

KNIT VEST

針織背心

在乍暖還寒的季節格外想要一件針織背心。袖口開口略寬大和小立領的設計款式光看就很有型，也保暖舒適。在微寒的日子裡即使多層次地穿搭，手臂擺動間也樂得輕鬆。

這款針織背心的肩線、
袖緣和立領設計
是我個人認為的重點。
長版應該也很好看，
正常長度的話選擇
有點小立領的款式
更加時髦。
為什麼覺得穿上針織背心就很有氣質呢？
左思右想
無論如何針織背心總讓我跳脫不了與「氣質」二字聯想…試著思索到底為何有這樣的連結…
"蹦～" 因為班上的文藝少年都穿
參加初中考試
回想起來，好像是Ralph Lauren的背心。
都看法布爾的《昆蟲記》或是《福爾摩斯》之類反正字超多的書!!!
對時尚尚未開竅的我小學三年級
PAPAS
運動服!!!
上面寫著PAPAS…什麼鬼啊…總之注重活動方便度！
《RIBON》或《NAKAYOSHI》之類的少女漫畫月刊。

另一種穿搭造型
可以蓋住臂部的長版針織背心，因為V領的設計似乎也更時髦了!!!

44

SALOPETTE

吊帶褲

如何將吊帶褲穿出帶有成熟感的可愛？
選擇卡其、軍綠色或黑色，
就能立即晉升成熟大人的形象！

POINT
細肩帶格外優雅。

吊帶褲總讓我聯想到
卡通裡貪吃的小孩…
我本身有點矮胖的身材
似乎又更加強如此形象，
害我遲遲不敢入手，
不過最近出現許多看起來
顯瘦的吊帶褲，
一掃過去這種印象。

色系上挑選卡其
或軍綠色
可以強調成熟感。
包包和鞋款
則搭配頗具前衛感的
設計款式，帥氣中
透著些許俏皮 !!!

和蓬蓬袖的
罩衫應該
也很搭!!!

吊帶褲
與
連身褲
又有何
不同呢…？
是吊帶褲
不是
連身褲喔。
我
想要這種樣式
的吊帶褲!!!
背面無任何布料，
只有肩帶和褲子
連接的款式。
棉麻或
牛仔布等
有各種材
質選擇。
整體剪裁修身。
進化版的修身款吊帶褲
看起來更加洗鍊。
兼具成熟與可愛感令人愛不釋手。
胸前的
設計簡單，
即便沒有
任何裝飾
也很可愛。

（譯註：其實作者的原文是在說明日文外來語中「overall」（英文）與「salopette」（法文）用法的不同，對日本用語來說是有差別的，overall比較偏過去寬褲管的設計，但在英語系國家，overall和salopette基本上同樣都泛指吊帶褲，並沒有剪裁上太大的分別。考慮這對台灣讀者無太大意義，就稍微改變原文意思了）

RIDER'S JACKET

騎士風皮衣外套

如此帥氣的單品，微寒的天氣裡格外實穿。
雖然質感好價格也越昂貴，但擁有一件可以穿很久，
打造率性不羈的裝扮風格。
近期的款式設計也益漸豐富變化。

各式各樣的皮革種類中，還是小羊皮的質地最柔軟舒適，呈現的印象也較柔和。

與寬褲和褲裙都非常搭！

搭配奢華的高跟鞋也好，但秋冬還是想搭靴子。

90 年代
青春時期的我

雷蒙斯合唱團
走喬伊·雷蒙·路線。

一直很嚮往早期搖滾明星的我，
當然也很想擁有一件皮衣外套…

但在那個年代，
皮衣外套即便在二手
古著店都不便宜…

shott
70000日圓
七、七…七七萬
日圓…
想在9800日圓預算
內找到件皮衣
根本不可能啊…

而且也很難找到女裝皮衣，
幾乎都是真的哈雷騎士在穿的。

混搭出
甜美個性
風也容易
許多了♡

近年來
女生穿著皮衣也很普遍，
貼合苗條身形的尺寸、
不同材質與剪裁的
皮衣款式也推出很多，
真令人欣慰。

順道一提，
我自己所有的
皮衣外套是
偏厚的
皮革材質，

呃
啊

手臂活動其實
有點困難…

是時候買一件具有熟女風格的款式吧。

MA-1 JACKET

飛行員外套

原先是美軍空軍穿著的制服外套，
但最近在時裝上可見許多設計時髦的款式。
各種年齡層女性都適合軍裝風格因此廣受歡迎。
為衣櫃添購一件，沉浸於成熟知性的飛行員外套穿搭興味。

與珍珠飾品和高跟鞋作搭配展現女人味。
尋覓一件材質輕薄、帶有些許光澤度的滑面款式。
最近的飛行員外套設計越見女人味，與首飾也更容易配搭。

90年代 青春時期的我
看了電影《絕命追殺令》裡娜塔莉波曼穿之後，我心中已燃起對飛行員外套的熊熊欲望!!!
LÉON
還有映像管的電視
超帥!!!
還是中學生的我
但當時只有賣真正美軍空軍在穿的飛行員外套
因為是空軍用，內襯竟然是螢光橘色的
而且!!!
超臃腫（但真的很暖）
好搭多了
時髦的飛行員外套紛紛出現!!!
富女人味的合身剪裁
應該可以找到適合自己的一件時尚款式吧！
漂亮的卡其綠
當然，內襯也不是螢光色系了。

47

MILITARY STYLE

迷彩軍裝風格

軍裝風格幾乎可說是時尚度的保證。每年都會想添購一件新的軍裝風外套。不同深淺的軍綠色系、修身且略為長版的款式等，著重設計感挑選一件完美外套吧。

選擇將迷彩圖樣放在裙子部分，與桃紅色的上衣簡直天作之合。為了營造休閒感又能突顯整體重點，包包與鞋子等配件統一為白色。

POINT

稍短而合身的迷彩短裙不失女人味。

迷彩圖樣的配件也很可愛!!!

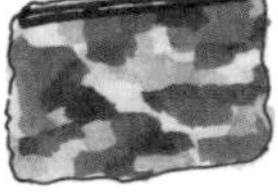

手拿包也有出迷彩的!!!

還有高跟鞋!!!

90年代
青春時期的我
不懂為何留
這樣髮型…
好可愛呦—♡
20幾歲時的我
一頭如貞子般
的長髮。
（長及屁股）
從以前就很喜歡
軍裝風格!!!
20幾歲時在精品選物店
買的正統軍裝襯衫。
迷彩圖樣上彩繪著鮮艷的鳥。
真是一時沖昏頭，
為什麼，到底為什麼會買啊…
嗚呼呼♡
結果背上還有隻同樣鮮豔的大鳥…
（到底是為什麼而買…）
搭配黑色長裙
穿出門的那天…
大學友人
呦！
大姐頭!!!
竟稱我為
飛車黨大姐頭…
如今
已經將年輕時
穿的衣服
封存於箱子裡，
少不更事
真的很恐怖。
現在
我只追求
一件素面
軍綠色、設計
簡單的款式。
溫子年輕時
穿的衣服

48

COARDIGAN

針織材質大衣

不似針織外套那樣粗獷，又沒有大衣那般厚重，在我殷殷期盼之下，出現了介於兩者之間的針織大衣。既可以內搭在大衣裡，或是搭配保暖的羽絨背心單穿，應該可以一路活躍至冬天。

POINT

領子的設計上有些巧思，提升不少時尚感。

搭配連身長褲呈現修長輪廓，真是件實穿逸品。有預感粗針編織的大衣接下來應該會受注目!!!

可以的話，希望找到無鈕釦設計、衣袖衣襬都未收邊、像這樣結合針織外套與大衣兩者優點的外套！

夏季時買的舒適款涼鞋搭配短襪。在秋初還有露臉機會。

誒？誒？你說啥？
最近聽聞出現
「針織材質的大衣」
這種東西，
無論如何好想要!!!
也就是介於針織外套和
大衣之間新形式的外套。
偏重於針織的材質，從秋天開始
就可以穿上身的一項單品。
十分理想！
我已經等待這樣的外套出現很久了。♡
嘻嘻嘻
話說，
真的穿上時…
這種外套你不是好幾件了？
又買？
老公這麼說…
對時尚徹底無感的老公。
吼—
完全不一樣好嗎!!!
和一般針織外套
比起來
織紋比較細緻，
形體接近大衣
又沒那麼硬挺。
剛剛好介於中間。
稱為針織大衣，
是我強烈推薦的單品。

（譯註：這裡原文又在說明外來語cardigan與coardigan的分別，因為coardigan其實是日本人自己發明的英文詞，譯者認為對讀者無太大意義就稍微改了原文）

49

LONG KNIT ONE-PIECE

長版針織洋裝

最近很流行合身的長版針織洋裝。由於剪裁簡約，依據不同的穿搭方式就能呈現各種風情，是我個人十分推薦的一樣單品。

和針織毛線帽
也很搭 !!!

想要一件
不完全緊身、
有些微彈性
不流於臃腫的
款式 !!!

POINT
稍具伸縮彈性，
長度過膝。

與高跟鞋 × 短襪
的高明穿搭造型
非常合適。

看到服飾店店員
穿著長版針織洋裝。
合身度剛剛好，
過膝的長度
相當合乎我的理想。
歡迎光臨—
好美喔—♡
妳身上的
洋裝真是好看…
於是與
店員輕鬆閒聊時
這件洋裝
非常實穿喔—。
搭配飛行員外套或騎士風
皮衣外套都很適合，
還有外搭長版毛料
背心也很好看，
鞋款可以搭配靴子
或高跟鞋。
店員認真
傳授穿搭技
巧搞得我
物欲大爆發 !!!
天啊，
好升火—
不要再說下去了♥

WIDE PANTS

寬版長褲

由於既寬且長的褲型讓下半身顯得較有分量感，
上衣建議選擇可紮入褲子裡的款式凸顯高腰腰際線。
營造出層次感，就能穿出帥氣有型的感覺。

POINT

搭配設計時尚的
首飾更有型。

高腰的剪裁
尤其帥!!!
又製造長腿效果，
想入手一件
這樣的
高腰寬褲!!!

嘿~
超級寬
↑剛好拖到地面的寬版長褲

無論與
長版或
短版外套
搭配都
很合適。
可以
一直穿到
冬天的
寬版
長褲！

將軍殿裡
長度一不對
就會像幕府時代
的武士裝扮。
拖來蹭去…

BROWN STYLE

咖啡色系造型

鞋子與包包雖然染上了因經年使用而帶點陳舊感的咖啡色，但隨著搭配服飾的不同也散發一種率性。

造型中點綴些許紅棕色做為視覺焦點分外帥氣，搭配休閒風的服飾呈現普普風流行感也很時髦。

想在黑白單色系造型中加入咖啡色!!!

褲子也咖啡…
包包也是…
靴子也…

推出很多咖啡色的配件和服飾呢。
這麼美的咖啡色…
流蘇
目光都被吸過去。

雅致亮眼的咖啡色…

雖然咖啡色系服飾和配件每年都常見於街拍，但今年似乎有些新鮮感。

拜70年代的復古潮流再度盛行之賜，皮革配件與波希米亞風的色系也在街頭時尚人士的裝扮中日益增多…

即便與穿著球鞋的休閒風裝扮也很融合，這就是咖啡色不可思議的特點…

呀—超愛柴犬
宛如柴犬身上的紅棕色令人喜愛。
你哪位？

LEOPARD FASHION

豹紋時尚

一度對於豹紋大衣有些抗拒，但最近出現許多剪裁和花色設計優異的款式，也想擁有一件搭配牛仔褲想必極為出色。

POINT

挑選剪裁和設計簡約俐落的款式。

雖然已擁有豹紋的鞋款等配件，但還想添購一件重量級單品!!!

身為大阪人，隨著年齡（尤其邁入歐巴桑階段）好像真的會喜歡豹紋的東西耶，年際36歲的我也想有一件豹紋外套!!!

有型的豹紋外套搭配牛仔褲非常適合，可以穿搭出具成熟休閒感的造型。

自信地將豹紋帥氣地穿上身，目標追求成為「有型的大阪歐巴桑」。

（註：大阪歐巴桑出門習慣隨身帶糖果分送認識或不認識的人）

53

SMALL BAG

迷你肩背包

可肩背、手提兩用的包款就更優秀了，
且最好是形體硬挺的款式。
因為尺寸迷你，可以展現出十足的女人味。
藉由這般迷你小包，營造精明幹練的形象。

包包和鞋子
永遠不嫌多。

目前想要
一款可手提、
肩背兩用的
迷你尺寸
皮革小包。

最好是可以
當作造型點綴色的
亮藍色、紅色或
黃色等鮮豔的色系…
不過白色和櫻花粉色
的也不錯。

想要的款式
無止盡啊…

真的已經有無數個包包…
幾乎是
每種造型都會搭配完全
不同包款，雖然有些包包
明明沒什麼出場機會…
但還是忍不住想買。

54

FUR ITEM

皮草單品

在入秋時簡約的裝扮上加入些皮草配件，皮草的溫柔感能增加可愛度。
與其說是禦寒，其實比較是享受造型中的設計感。
例如綴有皮草的涼鞋就十分有獨特的季節感。
這也是時尚穿搭的有趣之處。

皮草不一定要到真正冬天才派上用場，入秋之際還不需要穿到皮草外套時可以利用些毛毛的配件 怎麼看都很可愛 !!!

說到皮草配件，就想到早期那些充滿個性魅力的資深女歌星帶領的一股將狐狸般尾巴掛在身上的流行風潮。

熱愛皮草的我嫌那樣不夠，竟然還穿著全身皮草搭電車，20歲時年輕不知何來的自信。

阿姨或媽媽傳承下來的真皮草就另當別論，但現在陸續出現利用人工皮草製作的商品了。

感謝科技的進步

多虧服飾製造技術的進化，選擇人工皮草也能盡情享受時髦的穿搭樂趣。

55

POINTED FLAT SHOES

尖頭平底鞋

中長度的飄逸圓裙可以穿搭出許多種造型，
但能搭配的鞋款難尋。
尖頭的平底鞋和如此長度的裙款就格外合適。

超想要一雙
尖頭的平底鞋!!!
和中長度的裙裝
尤其合適！
每雙都給我打包。
漆皮
蛇紋
紅色平底鞋
黑色尖頭拼接裸膚色
豹紋
蝴蝶結裝飾

上衣就搭配
牛仔外套!!!
單品和造型風格
抵定要穿上高跟鞋時…
好像哪裡怪怪的。
是風格衝突嗎？
不搭
完全不搭嘎
雖然看不太到，
但膝上一塊肉浮現!!!
不知為何浮腫的雙腿。
和高跟鞋不合嗎？
正無奈地想換穿
白色球鞋時…
好想哭。
這樣變得有點像
幼稚的中學生…
和牛仔外套配起來
太過休閒了…
還是不搭（汗）…
超過30歲穿搭
頗有難度啊！
重點
在於尖頭
認真
圓頭的款式
當然也沒啥問題，
只是我個人不太適合「可愛路線」。
偏好「個性風格」的人，
我還是推薦尖頭的平底鞋。
以上是我試著配搭
手邊有的鞋款結果
過30歲之後身形
已不復纖瘦的我，
終於瞭解到
中長裙搭配
平底鞋還是最合適。
啊…
這才對
嘛…

56

SHORT BOOTS

短靴

雖然短靴搭配裙裝可能稍具挑戰性，
但是與褲裙、寬褲和及踝的牛仔褲都非常合適。
有鞋帶的款式基本上與任何服飾都容易搭配，
在顏色上能稍作大膽嘗試也是短靴僅有的特權。

短靴之於及踝牛仔褲
說是不可或缺也不為過。
兩者格外微妙的長度
與彼此間比例的平衡感
是門學問。
希望能尋覓一雙
顏色獨特又有品味
的款式。

POINT

選擇褲管蓋住後
不會露出肌膚的
靴筒長度。

付鞋帶的平底短靴
也想要一雙。
米色
或
亮色系的
也必備！
饒富個性、設計感強烈
的Martin Margiela
的忍者靴是
目前最想要
的款式。♡
我愛短靴!!!
平日以褲裝為主的
我真的很喜歡
短靴…
但是…
因為小腿長度偏短，
實在很難挑選到
合適自己的。
短
有這些褲款
就得救了♡
不過發現短靴
和及踝牛仔褲、
褲裙和寬褲
都很配之後，
突然想
多買幾雙了。

Chapter

4

W

W i n t

inter

Chapter 4

冬季為了禦寒，
服飾選擇容易傾向注重機能性而無法兼顧時尚度，是個令人兩難的季節。
好在近年出現許多保暖性優異的內搭服和輕薄的羽絨外套，
冬季的時尚穿搭也能有豐富變化。
例如軍裝外套與風衣都能持續在冬季大放異彩，
也因此能捨棄厚重的下半身單品，
依舊展現簡約俐落的造型。
不妨也在冬天儘情地享受各種風格裝扮吧。

er

57

KNIT

針織毛衣

無論是寬鬆慵懶、或是適合與寬褲配搭的合身剪裁、或是袖口有設計巧思的款式等，紛紛可見形形色色的針織毛衣。期望找到一件能讓人欣喜面對寒日的針織毛衣。

合身的羅紋針織衫
雖然有點膨脹效果，
但若外搭上一件
細肩帶洋裝
反而能拉長身形!!!
想要一件!!!

POINT

挑選羅紋間隔較寬的款式，直線條間會產生美妙的陰影也有修長效果。

對時尚無感的
我家老公說
毛衣
還不
都一樣
才不——一樣！
身著毛衣！
有分「合身剪裁」、「寬鬆剪裁」、「羅紋」、「高密度針織」等各種不同形式的針織衫。
想要很多款式 ♡
很合理 ♡

也想要一件
帶點硬挺度的
高密度針織衫。
微喇叭袖的剪裁
十分可愛!!!
慵懶寬鬆的
針織毛衣是
秋冬必備，
尤其想入手一件!!!
打算搭配合身窄裙
打造出女人味。

VELVET

絲絨材質服飾

即便絨布本身就極富華麗感，但搭配球鞋也能呈現衝突趣味。
在日常的穿搭中加入絨質的罩衫或寬版長褲，
增添些許微妙的光澤感展現優雅動人的姿態。

098
Winter

善用絨布本身
具層次感的光澤色彩，
瞬間提升高級奢華感！
搭配古典的荷葉邊裝飾襯衫，
充滿華麗搖滾風！
（純粹想置入這一詞！）
陶醉於那明豔動人的光澤，
秋冬的裝扮中
一定要嘗試加入絨質單品！

POINT

選擇帶點紫紅、粉彩色調的粉紅色或是綠色，穿搭出休閒中帶點隆重的味道。

另一種
穿搭造型

某間
服飾店
店員造型！
絨質的
吊帶褲
內搭素T和
CONVERSE
高筒球鞋
的休閒風
裝扮好看
極了！

其實我個人對絨布服飾情有獨鍾，封存
著早期奇裝異服的箱子裡就有各式
各樣絲絨材質的單品…
傘狀洋裝
西裝外套
電繡外套!
還有褲子、帽子、鞋子等
應有盡有…
（全部都是二手古著！）
雖然耳邊似乎
一直有聲音
提醒我
不要再買了，
但還是
很想要啊!
如此熱愛絨布的我
最愛的一件單品是
這張鋼琴椅！
流蘇
×
絨布
♡♡♡
真想穿
在身上
20幾歲時
如此想著…

59

FOREST GREEN

森林綠色系穿搭

宛如冬日蒼鬱森林一般的綠色似乎格外有質感。
建議先從可做為內搭單品的森林綠色系上衣挑戰起。

這裡指的綠色，
和一般認知且普遍可見
如軍綠色有所不同，
所謂的森林
（格外聯想到冬天！）
綠是帶些許深藍色調的綠色，
顯得份外有質感。

想穿搭出凸顯重點色彩
的造型時，將鞋款與包包
統一色系就能展現整體感。
黑色、米駝色、灰色等
中性色系的鞋子與包包，
都是如此穿搭風格的
最佳夥伴。

POINT

選擇色彩鮮明飽和的款式，是令重點色彩造型不失成熟感的通則。

《穿搭變化之1》
墨鏡
橫須賀刺繡背心
《穿搭變化之2》
貝雷帽
另一種穿搭造型
橫須賀風的背心搭配這種綠色意外地合適!!!
詮釋出大人版的成熟造型。
粉色系西裝褲
嘗試將森林綠與粉紅色結合。
在上述兩種穿搭造型上也可加上米白色的大衣。
只要謹守全身色彩不超過三種顏色的原則，就能成功打造凸顯重點色彩的造型。
鞋子與包包統一為黑色（灰階色調）便能避免整體色彩過於繁雜失去重點。
森林綠!!!
酒紅色
駝色
這種綠色也是近來新推的秋冬色系之一，
和手邊已有的灰色、象牙白、米色系單品都很合…
所以好想擁有一件啊!!!

ACCORDION PLEAT SKIRT

百褶裙

百褶裙非常適合打造修長感的穿搭造型，也是件重點突出但不過分張揚的單品。視加工的技術，某些款式也可以洗衣機洗滌省去手洗的麻煩。

百褶裙獨特且強調修長感
的細緻皺褶裙擺美極了。
挑選布料帶有光澤度
或皮質的款式
似乎更能營造出時尚氣場。

好想要一件
百褶裙
啊!!!
嘩
嘩
宛如手風琴
的風箱

14歲時
的我
中學時穿的制服裙
就是百褶裙，但是
那種是往外摺的寬褶，

與這裡介紹的細百褶裙
穿起來的感覺
完全不一樣。
雖都統稱百褶裙
也是樣式
各不相同呢。
馬上就起皺了…

另一種
穿搭造型
百褶裙與
鞋款的
搭配協調性
十分重要。
與球鞋（如
Stan Smith
之類簡約
的款式）
也非常
合適！

POINT

搭配靴子時，儘量選擇不會露出腳部肌膚的長靴比較有個性。

LONG KNIT CARDIGAN

長版粗針織外套

長版粗針織外套散發著獨特的隨性慵懶感。
內搭輕薄的羽絨背心
或作為外套單穿禦寒性十分優異。

最好只露出半截手指的袖長，像這樣！
一頭蓬鬆捲髮也很俏麗。♡
手握著瓶裝熱咖啡取暖中的女子！模樣實在太可愛，害我也好想要一件長版粗針織外套喔!!!

另一種穿搭造型
搭配貝雷帽與寬褲應該很好看。

但是十分怕冷的我…
及踝的長度就是它可愛討喜之處！
手套必戴
竭盡所能防止冷風灌入

62

KNIT SET-UP

針織套裝

針織套裝的魅力就在於它可以拆開分別搭配。
一整套穿搭時，
更可以營造出兼具高雅質感和整體感的造型。

POINT

V領的上衣比起高領款式更容易搭配。

POINT

套裝的下半身為過膝窄裙。

要變化出多樣化的穿搭，
關鍵在於套裝的色系。
選擇土橘色、
酒紅色、
橄欖綠等
色系與
黑、白
基本色單品容易結合，
可大幅拓展穿搭變化！

套裝迷人之處就在於
既可整套單穿，又可拆開分別
與其他服飾搭配，
發現其高度實穿與變化性之後，
超想入手一套。
套裝
拆開
高密度
針織套裝
外搭上
粗針織
背心也挺
不錯!!!
搭配貝雷帽與牛仔外套
又是另種
法式風格。
另一種
穿搭造型
針織套裝
適合搭配
短版的
外套。
配上樂福鞋
有種高雅端莊
氣質。
腳踩上
白色球鞋如
Stan Smith
流露簡約清
爽的感覺。
與長版大衣
當然也合適。
內搭
黑底白點的
襯衫造型。
圓點襯衫是
全身重點，
如果內搭的
是普通白襯衫
就平淡無奇了。
外搭長版大衣時，
彼此間長度差
格外重要。
舉這件合身窄裙而言，
不超過大衣的長度
才率性有型。
搭配
芭蕾舞鞋般
的平底鞋
更增俏麗。

63

STAR MOTIF

星星印花單品

未使用金蔥或亮片、單純的星星圖樣，
加上略帶休閒風的剪裁，
讓頗富童趣的服裝仍不失成熟感。
星星圖案裝飾的首飾和包包也同樣推薦。

極度渴求有星星
圖案的時尚單品!!!

鞋子或包包上
有★造型的裝飾
當然也很棒!!!

目前最想要的是
一件隨處佈滿星海
宛如銀河般的
長洋裝，打算穿搭出
率性休閒的風格。

比起規律排列的星星，
我想要的是宛如星空般時而密集、
時而鬆散的設計。

CONVERSE ALL STAR也歸類為星星圖樣單品？

POINT

黑白單色系的造型中，即使加入星星造型的首飾也不至於太雜亂，依舊保有時尚感。

咦，在哪兒？

其實我16歲時，
星星圖案的東西也曾風靡過，
當時也收藏各種以星星
為主題的物品…

打開封存許多
邪門玩意兒的箱子。
出現了！出現了！
20年前的星星圖案單品。

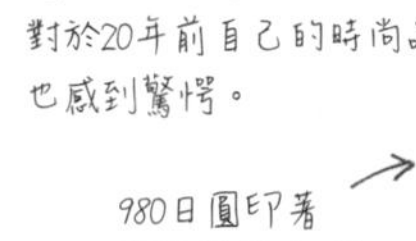
星星耳環
星星涼鞋

除了再次驗證
「時尚潮流以20年
為一個輪迴」這句話，
對於20年前自己的時尚品味
也感到驚愕。

36歲的我
是不可能
再穿的。
980日圓印著
越南國旗的T恤…

SECOND RIDER'S JACKET

第二件騎士風外套

非常實穿好搭的騎士風外套，
依據顏色與材質皆有不一樣的風貌。
麂皮材質較黑色皮外套更顯柔和的印象，
不妨在添購第二件時挑選如杏色、淺灰色等款式擴展穿搭風格。

第二件添購的
騎士風外套
屬意麂皮材質!!!
顏色與材質的差異
便賦予截然不同的
感覺呢!!!

如果
你的第一件
皮衣外套是
基本黑色款
首件購入
材質選擇可考慮麂皮和小羔羊皮等；
顏色可選藍色、杏色、橄欖綠等。

進軍第二件
無可
厚非吧!!!
買定了!!!

但其實我連
第一件都
猶豫許久
遲遲還
未入手。
喔呵呵呵呵…
太多好看的款式，
實在難以抉擇啊…

另一種
穿搭造型
小羔羊皮質、
翻領且大於
一般剪裁
的設計
也很正點!!!
也來一件!!!
嗯？
是第三件
了吧？

65

MA-1 COAT

飛行員大衣

短版的飛行員外套休閒感較強，大衣款則稍微淡化過度隨性的感覺。比起毛料大衣又沒那麼厚重，可藉以打造出成熟率性的造型。

長度拿及大腿
保暖度更好。♡

明顯不同於真正軍裝的設計，算是搭上風潮又絢麗的單品，十分有趣！超想擁有一件。

長版的款式比起短外套來得成熟許多，3、40歲的女性也可以嘗試加入造型中，穿出沉穩內斂的感覺。

以前CONVERSE曾推出過高跟鞋款對吧？
這、這算球鞋還是高跟鞋？有點太前衛…

每當一股風潮盛行時，便會推出更進化的設計而出現嶄新的穿搭方式與風格，這就是時尚有趣之處。♡

另一種穿搭造型

菱格紋鋪棉的款式也很好看!!! 軍綠色尤佳。
重點是搭配鏈帶包，可以瞬間提升成熟感。

享受當下！

我認為這樣的飛行員大衣便是當前絕無僅有的設計。

POINT

搭配高跟鞋增添優雅度。

OVER SIZE COORDINATES

寬鬆剪裁穿搭

近年相當流行寬大的服飾單品與整體穿搭若沒有掌握好幾個重點，可能就全盤搞砸，這是追求時尚的挑戰和趣味之處。充分了解自己的身型，一起學著穿出時髦和氣勢。

110
Winter

挑選寬大剪裁服飾時，注意肩線位置應落在手臂側就不容易出錯喔。
下半身若也穿著寬褲，盡可能搭配高跟鞋展現華麗和幹練的感覺。相反地，若穿著裙款時，搭配中性風的皮鞋或球鞋會意外地時髦！
重點在於要清楚露出腳踝部分。（鞋子當然還是要合腳）

咻—
30歲後體質變得很怕冷…
渾身發抖
不得已穿著像米其林寶寶一樣的厚重羽絨外套…
可以塞進好幾件衣物保暖!!!
流行起寬大剪裁的大衣和褲子真令人開心！
80年代風。
墊肩設計感覺很嚴肅
但是…如果沒有挑選優秀剪裁的單品，看起來會很過時。
尷尬的長度
吃得飽飽
膨脹臃腫!!!
要格外注意別變成冬天的相撲選手囉。

POINT

大衣長度介於小腿一半最帥氣。

67

MOUTON

羔羊皮翻領外套

最近出現了騎士風設計的羔羊皮外套。
一般的騎士風皮衣外套欠缺保暖性只能在秋天穿，
但羔羊皮材質具優異的保暖度，是能安全過冬的重要單品。

喜歡同屬大地色系的雙色拼接設計。♡
羊毛如此暖和，真要感謝羊隻們!!!
搭配簡約的針織洋裝!!!
捨棄靴子，二話不說一定要搭高跟鞋最美啊!!!

20幾歲時的我
來去美國村！
那時候就很喜歡羔羊皮翻領外套…
但是是90年代流行的70年代復古嬉皮風那種長外套（超厚重）

現在雖然依舊喜歡…
這樣的設計畢竟有點過時…
過了30歲還穿這種外套…
我承認有點像郊區外的酒吧風裝扮…

目前想要的是騎士風的羔羊皮翻領外套♡
各式各樣的設計紛紛推出，而且很輕盈！
物欲太強實在煩惱啊!!!
超愛笑笑羊♡

（註：美國村是大阪中央區西心齋橋附近一帶地區的通稱，是年輕人流行文化發源地，早期很多年輕人會去該區選購美式嬉皮或軍裝風服飾）

WOOL HAT

羊毛帽

寒冷的日子裡尤其深深銘感帽子的可貴。
既保暖又容易搭配，是造型點綴的好物。

BÉRET

貝雷帽尤其是
點綴造型的
代表性帽款

從帽沿露出的
蓬鬆捲髮時髦度滿點!!!
捲髮與貝雷帽
尤其適合呢。

戴上貝雷帽露
出一點短髮的
瀏海非常可愛!!!

FISHERMAN HAT 漁夫帽
一定要試著
與海軍風大衣
一起搭配!!!
與捲髮也合適，
馬尾造型
也很搭!!!
小巧玲瓏
雖然加上帽子，
但羊毛材質的帽款
有修飾頭型的效果，
是穿搭的好夥伴。
搭配長而厚重
的大衣，讓整
體造型多了份
俏麗感。
羊毛帽能讓頭
看起來比較小，
也讓全身比例更好，
所以特別適合搭配長版
或寬大剪裁的大衣，
可多多運用於冬日造型呢。
仿效漫畫之神
（手塚治蟲大師）的造型，
平日也都戴著如何……？

LOAFER

樂福鞋

雖然樂福鞋容易讓人與制服做聯想，
不過近期出現了很多可愛的設計。
穿搭好全身裝扮後腳蹬上這麼一雙，
從頭到腳立刻就很有型。

如今的樂福鞋款式眾多。
（從經典的學生鞋到近期
風行鑲有皮草的款式等）
選擇多到令人開心呢！

無論休閒風或是都會時尚風；
搭配褲裝或裙裝都很合適！
而且不管什麼年齡層穿永遠經典！
也是一雙鞋櫃裡必備的鞋款哪。

另一種
穿搭造型

百褶裙
×
MA-1 飛行員外套
×
樂福鞋
這類中性鞋款的
穿搭造型
乍看有點衝突，
但我認為
份外凸顯高明的
穿搭技巧和
出眾的品味。♡
果然是精品服飾
選物店的店員

短版網襪？！
相當
可愛。♡

第一次買樂福鞋距今已20年?!
(竟…竟已如此久…)
16歲的我
入學時,
還未燙髮的
乖乖牌髮型。
為了搭配高中制服
而買的HARUTA的
樂福鞋。♡
當時每個人都穿。
我當然也每天穿,
穿到都磨損了。
鬆鬆的白
色泡泡襪
現在描繪起當時的景象
才意識到竟已過了20年,
時光飛逝地驚人。
36歲的我再度重新認識
樂福鞋的魅力!!!
不管是松本
伊代還是我
都已不復16
歲了啊—
微微顫抖
現在買一雙目標要一直
穿到40、50歲!
40歲的我
喔咿。
低跟的樂福鞋,
蝴蝶結
裝飾
為其特點。

70

OVER KNEE BOOTS

過膝長靴

靴子是專屬於冬天的時尚配件。尤其是長靴更是僅有在冬季才有登場機會，能讓雙腿顯瘦又修長，可說是史上最強單品。

過膝長
靴正夯!!!

20歲時
的我

1990年代我還20歲時
也流行過過膝的長靴。
當時風靡黑色的款式，
我也不免俗擁有一雙。

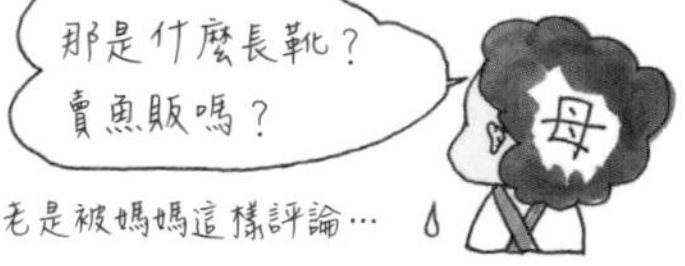
那是什麼長靴？
賣魚販嗎？
母

老是被媽媽這樣評論…

黑色的看起來
腿是比較纖細…
但也想要
一雙灰色
或杏色的──!!!

想要一雙
貼合腳型卻不會
緊到不適的款式!!!
畢竟我本身
腿不算太細…（汗）。
雖說高跟或平底款式
都很時髦，但我發現
細根或高跟並非
近來流行的設計。

POINT

可以被大衣蓋住
的長度最佳。

GLOVES & STOLE

手套&圍巾

略有寒意的日子裡嫌大衣過於笨重時，
手套與圍巾便是最難能可貴且實用的配件了。

POINT

圍巾絕不要整齊地繫綁，隨性地圍繞在脖子上才率性。

以紅色手套
做為重點點綴
的穿搭造型。

長手套
當然不錯，
短的皮質手套
也很美。

像這樣的時候…
冷得發抖
噠啦
圍一圈
利用
大條的圍巾
圍裹禦寒。
俐落套入
以手套對抗
突如其來的
冰冷手指!!!
長及手肘的皮質
長手套真的很保暖，
讓手部線條顯得優美!!!
用大條披巾
包住頭其實最保暖，
結果不像
《請問芳名》裡的
真知子，
倒像是女忍者。
非不得已還是
不要包起來好了。
咻
咻
咻
咻
咻

（註：《請問芳名》是1950年代日本轟動一時的廣播劇，後改編翻拍成電影、電視劇）

Kick's FAMILY DIARY

菊池溫子的家庭日記

每天我家都因大小事件
上演著各種歡樂鬧劇，
雖然都是些芝麻綠豆事，
但事實上生活也因此精彩有趣，
對我而言都是彌足珍貴的人生回憶…

我行我素、對時尚完全無感的老公
開始愛吃白飯的老二
熱愛時尚與畫畫的媽媽
超愛流行笑話梗的老大
我家的夢幻之星白貓大福

胖嘟嘟的肥肉

有天
去托兒所
接兒子們
時…
哥哥
回家囉！
先去接弟弟，
再去哥哥等待的
教室。
啊！媽媽！
要回家了嗎？
托兒所的大孩子們
也很喜歡嬰兒，
看到我背著寶寶
紛紛湊過來
逗他玩。
好可愛——♡
是嬰兒耶
捏捏♡
竟然
連我這阿姨的
兩隻手臂也捏
起來…
喂…喂…
這裡摸起來一樣耶
捏

貓與兒子

老二也很喜歡
我家的貓大福。
可是…
找到了!!
不悅的反應
耳朵豎起
低鳴
← 對嬰兒很沒輒
的大福……
被老二追逐
馬上逃走
的大福
嗚
先稍作喘息。
打噴嚏
啊啊
馬上又被追…
順間逃走 !!!
啊嗚
標準的
熱臉貼冷屁股 !!!

什麼鳥陷阱

似乎在托兒所做了視力檢查…
媽媽，我來檢查一下妳的視力。請用這個擋住一隻眼睛。
用瓦愣紙畫了一個湯匙剪下來，眼科診所開張。
這是小孩用的湯匙吧…
請看這邊，看得到這個嗎？
最上面的一兩個看得是很清楚，下面越來越小就…
上！
右！
這個呢？
嗯？是啥咧？呃…
亂入了一個奇怪的符號，看不大清楚是什麼。定睛一瞧…
竟然是顆蘋果 !!!
那、那是「蘋果」對吧？被咬的一口朝右對吧？
太難了吧～～～ !!!

冷笑話

咳…
咳…
好像感冒惹…
媽媽，我發不出聲音。
還好嗎？
幫你量量溫度。
老公對著聲音沙啞的兒子說了一句…
喔！好像神取忍耶！
迷摔角迷過頭了吧，不・好・笑。
神什麼？誰？

（註：神取忍原為女子柔道選手，後成為參議院議員）

萬萬沒想到…

老二
轉眼間
也一歲了。
啊—嗚
不管是爬行的模樣
還是拍手的模樣
啪嗒
啪嗒
或是嬰兒持有的四腳朝天姿勢
（不懂這樣是幹嘛）
咿
都好可愛喔——
不管做什麼都可愛到不行，
就是…
看不見
看不見
哇！
咯咯咯咯咯
豬叫聲
笑聲意外地粗魯難聽…

不過就是顆石頭

哈！
媽媽你看！
從托兒所回來的路上，兒子不曉得發現了什麼欣喜若狂。
竟是顆鵝卵石…這很常見到啊…
是不是很漂亮的石頭
光滑圓潤
正猜想是什麼…
我要帶回去好好裝飾
怎麼又搞這種麻煩事，竟然說要帶回家…
要這幹嘛啊…
悉心呵護著
心裡想著，會因為一顆石頭如此開心大概只有我家兒子吧…
爸爸你回來啦
喔喔喔!!! 好圓的一顆石頭！哪撿來的？
看見立刻眼睛一亮的老公…
都幾歲的人了。

發表重大宣言

媽媽…我跟你說…
大兒子難得一副認真的表情。
怎麼—？
我說…我要跟妳說件很嚴重的事…
呃、好。什麼事？
心七上八下…
那個…我…
我還比較小的時候，媽媽都用食指挖我的鼻孔吼。
其實應該要用小指挖吧？
我知道啦！
昏倒。

後記

最初因「STYLE HAUS」的工作邀約，

我開始了以插畫家的身分連載手繪作品。

當時正逢「STYLE HAUS」網站媒體剛成立，

如此關鍵時期竟給予我這個新人機會（姑且不論我是否憑自己的能力獲得這份工作），總感到十分榮幸，毫無遲疑地便接下了這個專欄連載。

因為編輯單純對我說「就把你想要的東西畫下來吧！」，

於是我便盡情地把心中渴望的時尚單品畫了出來，

享受著每一期交付連載。

幸虧總讓我無後顧之憂的編輯們充分的支持，

連載單元目前依舊持續，打從心底感謝他們。

第一個對我提議將如此重要的連載專欄集結成書出版的人，

是「POPLAR」出版社的近藤編輯。

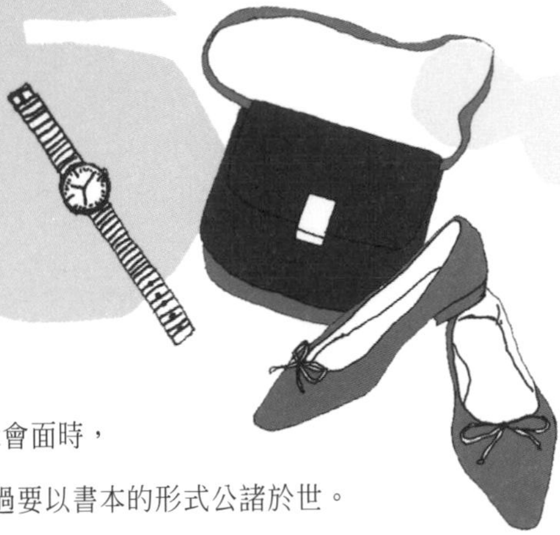

第一次與近藤編輯會面時，

自認連載的作品未臻成熟，壓根沒想過要以書本的形式公諸於世。

但是近藤編輯確實地讓我感受到她看似溫柔中的堅定，

也讓我覺得值得信賴。她對於這本書的主題和架構始終掌握得很好，

由衷感謝有她付諸心力呈現這麼棒的成果。

除此之外，製作此書不可或缺的設計師菊池與木村也是，

這已是我在書中第三次提及他們，

因為有他們，我才能完全放心交付一切。

始終非常感謝他們將我手繪的插圖和文字編排融入於版面設計中。

最後想感謝的，就是定期閱讀連載專欄以及購買這本書的讀者們！

不管是與大家共享對於時尚潮流的想法，或是有人將這本書當作每日穿搭

的參考靈感也好，沒有什麼比這樣的交流更讓我感到開心與幸福了。

Profile
作者介紹

菊池溫子きくちあつこ

1980年出生於大阪，畢業於京都精華大學美術系。
經歷幾年職場生活後轉為專業插畫家。
因為在instagram分享其時尚插畫與家庭日記，人氣瞬間竄升，成為擁有眾多粉絲追蹤的人氣插畫家。
著作包括《時尚穿搭手繪筆記：120款造型，從單品挑選到季節配色，穿出潮流街拍風！》（野人出版）及《oookickooo TODAY'S DIARY BOOK》。
以帳號名oookickooo在Instagram及Twitter上持續活躍發表作品及個人日誌。

本書以2015年2月至2016年12月之間在STYLE HAUS（http://stylehaus.jp）上刊載的內容為大致雛形，加上大幅的補充和修正而成。

oookickooo BEST STYLE BOOK 品味穿搭手繪筆記

作　　者　菊池溫子
譯　　者　邱喜麗

總 編 輯　張瑩瑩
副總編輯　蔡麗真
責任編輯　莊麗娜
美術編輯　洪素貞
封面設計　Misha
行銷企畫　林麗紅

社　　長　郭重興
發行人兼出版總監　曾大福
出　　版　野人文化股份有限公司
發　　行　遠足文化事業股份有限公司
地址：231新北市新店區民權路108-2號9樓
電話：（02）2218-1417
傳真：（02）86671065
電子信箱：service@bookrep.com.tw
網址：www.bookrep.com.tw
郵撥帳號：19504465遠足文化事業股份有限公司
客服專線：0800-221-029
法律顧問　華洋法律事務所　蘇文生律師
印　　製　凱林彩色印刷股份有限公司
初　　版　2017年12月出版

套書ISBN　978-986-384-245-3

歡迎團體訂購，另有優惠，請洽業務部（02）22181417分機1124、1135

國家圖書館出版品預行編目 (CIP) 資料

品味穿搭手繪筆記 / 菊池溫子著 ; 邱喜麗譯 . -- 初版 . -- 新北市 : 野人文化出版 : 遠足文化發行, 2017.12
128 面 ; 15*21 公分 . -- (bon matin ; 109)
ISBN 978-986-384-245-3(平裝)

1. 女裝 2. 衣飾 3. 時尚

423.23　　106020614

oookickooo BEST STYLE BOOK by ATSUKO KIKUCHI